高等院校课程设计案例精编

3ds Max+VRay
效果图表现技法
经典课堂

彭 超 张 辉 编著

清华大学出版社

北京

内 容 简 介

本书以 3ds Max 2018 为写作基础，以"理论知识＋实操案例"为创作导向，围绕室内设计软件的应用展开讲解。书中的每个案例都给出了详细的操作步骤，同时还对操作过程中的设计技巧进行了描述。

全书共9章，分别对 3ds Max 2018 建模技术、材质与贴图技术、灯光技术、摄影机技术、VRay 渲染器等知识，以及餐厅场景、卧室场景、客厅场景的效果表现进行了详细的阐述。本书结构清晰，思路明确，内容丰富，语言简练，解说详略得当，既有鲜明的基础性，也有很强的实用性。

本书既可作为高等院校相关专业的教学用书，又可作为室内设计爱好者的学习用书。同时，也可以作为社会各类 3ds Max 培训班的首选教材。

图书在版编目(CIP)数据

3ds Max+VRay 效果图表现技法经典课堂 / 彭超，张辉编著. —北京：清华大学出版社，2019
（2022.1重印）

（高等院校课程设计案例精编）

ISBN 978-7-302-52038-2

Ⅰ.①3… Ⅱ.①彭… ②张… Ⅲ.①室内装饰设计—计算机辅助设计—三维动画软件—课程设计—高等院校—教学参考资料 Ⅳ.①TU238-39

中国版本图书馆CIP数据核字（2019）第009039号

责任编辑：李玉茹
封面设计：杨玉兰
责任校对：王明明
责任印制：刘海龙
出版发行：清华大学出版社

    网   址：http://www.tup.com.cn，http://www.wqbook.com
    地   址：北京清华大学学研大厦A座   邮   编：100084
    社 总 机：010 62770175   邮   购：010-62786544
    投稿与读者服务：010-62776969，c-service@tup.tsinghua.edu.cn
    质量反馈：010-62772015，zhiliang@tup.tsinghua.edu.cn

印 装 者：三河市铭诚印务有限公司
经 销：全国新华书店
开 本：185mm×260mm   印 张：16   字 数：386千字
版 次：2019年6月第1版   印 次：2022 年 1 月第 4 次印刷
定 价：69.00 元

产品编号：082029-01

FOREWORD
前 言

为啥要学设计

　　随着社会的发展，人们对美好事物的追求与渴望，已达到了一个新的高度，这一点充分体现在了审美意识上。毫不夸张地讲，我们身边的美无处不有，大到园林建筑，小到平面海报，抑或是犄角旮旯里的小门店，也都要装饰一番并突显出自己的特色。这一切都是"设计"的结果，可以说生活中的很多元素都被有意或无意识地设计过。俗话说：学设计饿不死，学设计高工资！那些有经验的设计师们，月薪过万不是梦。正是因为这一点，很多人都投身于设计行业。

问：学设计可以就职哪类工作？求职难吗？

答：广为人知的设计行业包括室内设计、广告设计、UI 设计、珠宝设计、服装设计、环艺设计、影视动画设计……现在你还在问求职难吗？

问：如何选择学习软件？

答：根据设计类型和就业方向，学习相关软件。比如，平面设计类软件大同小异，重在设计体验。室内外设计软件各有侧重，贵在实际应用。各类软件之间也要配合使用，好比设计师要用 Photoshop 对建筑效果图做后期处理，是为了让设计作品呈现更好的效果；有时会把视频编辑软件与平面软件相互配合。

问：没有美术基础的人也可以学设计吗？

答：可以。设计类的专业有很多，并不是所有的设计专业都需要有美术的功底，如工业设计、展示设计等。俗话说"艺术归结于生活"，学设计不但可以提高自身审美能力，还能有效地指引人们制作出更精良的作品，提升自己的生活品质。

问：设计该从何学起？

答：自学设计可以先从软件入手，包括位图、矢量图和排版。学会了软件，可以胜任 90% 的设计工作，只是缺乏"经验"。设计是"软件技术 + 审美 + 创意"，其中软件学习比较容易上手，而审美的提升则需要多欣赏优秀作品，只要不断学习，突破自我，就能轻松掌握优秀的设计技术！

系列图书课程安排 ■

本系列图书既注重单个软件的实操应用，又看重多个软件的协同办公，以"理论知识 + 实际应用 + 案例展示"为创作思路，向读者全面阐述了各软件在设计领域中的强大功能。在讲解过程中，结合各领域的实际应用，对相关的行业知识进行了深度剖析，以辅助读者完成各种类型的设计工作。正所谓要"授人以渔"，读者不仅可以掌握这些设计软件的使用方法，还能利用它独立完成作品的创作。本系列图书包含以下图书作品：

▶▶ 《3ds Max 建模技法经典课堂》
▶▶ 《3ds Max+VRay 效果图表现技法经典课堂》
▶▶ 《SketchUp 草图大师建筑·景观·园林设计经典课堂》
▶▶ 《AutoCAD + 3ds Max + VRay 室内效果图表现技法经典课堂》
▶▶ 《AutoCAD + SketchUp + VRay 建筑室内外效果表现技法经典课堂》
▶▶ 《Adobe Photoshop CC 图像处理经典课堂》
▶▶ 《Adobe Illustrator CC 平面设计经典课堂》
▶▶ 《Adobe InDesign CC 版式设计经典课堂》
▶▶ 《Adobe Photoshop + Illustrator 平面设计经典课堂》
▶▶ 《Adobe Photoshop + CorelDRAW 平面设计经典课堂》
▶▶ 《Adobe Premiere Pro CC 视频编辑经典课堂》
▶▶ 《Adobe After Effects CC 影视特效制作经典课堂》
▶▶ 《HTML5+CSS3 网页设计与布局经典课堂》
▶▶ 《HTML5+CSS3+JavaScript 网页设计经典课堂》

配套资源获取方式 ■

需要获取本书配套实例、教学视频的教师可以发送邮件至 619831182@qq.com 或添加微信号 DSSF007 回复"经典课堂"，制作者会在第一时间将其发至您的邮箱。

适用读者群体 ■

☑ 室内效果图制作人员
☑ 室内装修、装饰设计人员
☑ 装饰装潢培训班学员
☑ 大中专院校及高等院校相关专业师生
☑ 3ds Max 爱好者

作者团队

本书由彭超、张辉编写。在编写过程中力求严谨细致，但由于精力有限，疏漏之处在所难免，望广大读者批评指正。

致 谢

　　为了令本系列图书尽可能满足读者的需要，许多人付出了辛勤的劳动。在此，向参与本书出版工作的"ACAA 教育集团"和"Autodesk 中国教育管理中心"的领导及教师、米粒儿设计团队成员等，致以诚挚谢意。同时感谢清华大学出版社的所有编审人员为本系列图书的出版所付出的辛勤劳动。本系列图书在编写过程中力求严谨细致，但由于精力有限，书中仍难免出现疏漏和不妥之处，希望各位读者朋友们多多包涵，并批评指正，万分感谢！

　　读者朋友在阅读本系列图书时，如遇与本书有关的技术问题，则可以通过微信号 dssf2016 进行咨询，或者在获取资源的公众平台中留言，我们将在第一时间与您互动解答。

编者

本书知识结构导图

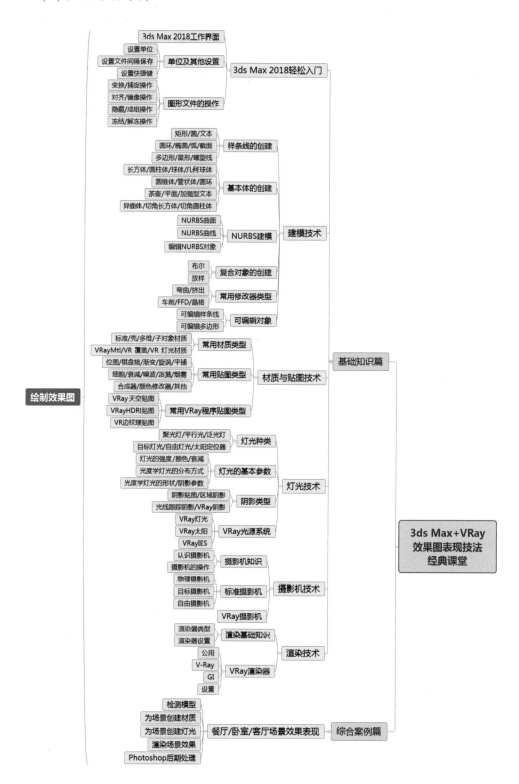

CONTENTS
目 录

CHAPTER 02
建模技术

CONTENTS

CHAPTER 03
材质与贴图技术

CHAPTER 04
灯光技术

CHAPTER 05

摄影机技术

CHAPTER 06

渲染技术

CHAPTER 07
餐厅场景效果表现

CHAPTER 08
卧室场景效果表现

CHAPTER　09

客厅场景效果表现

CHAPTER 01

3ds Max 2018 轻松入门

本章概述 SUMMARY

　　3ds Max 是当前最受欢迎的设计软件之一，广泛应用于广告、影视、工业设计、建筑设计、三维动画、三维建模、多媒体制作、游戏、辅助教学以及工程可视化等领域。本章将对 3ds Max 2018 的工作界面、功能特性等知识进行讲解。

■ 学习目标

　　通过对本章内容的学习，读者可以全面认识和掌握 3ds Max 2018 的新功能及工作界面的布局。

■ 要点难点

　　√　工作界面的设置
　　√　单位设置
　　√　设置快捷键
　　√　图形文件的操作

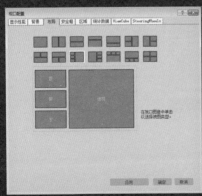

◎设置视口

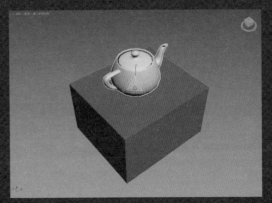

◎选择并缩放

1.1　初始 3ds Max 2018

　　3ds Max 是一款优秀的设计类软件，它是利用建立在算法基础之上并高于算法的可视化程序来生成三维模型的。与其他建模软件相比，3ds Max 操作更加简单，更容易上手，因此受到了广大用户的青睐。

■ 1.1.1　3ds Max 发展简史

　　3ds Max 全称为 3D Studio Max，是 Discreet 公司开发的（后被Autodesk 公司合并）基于 PC 系统的三维动画渲染和制作软件。其前身是基于 DOS 操作系统的 3D Studio 系列软件。在 Windows NT 出现以前，工业级的 CG 制作被 SGI 图形工作站所垄断。3D Studio Max+Windows NT 组合的出现，瞬间降低了 CG 制作的门槛，它首先开始运用在电脑游戏中的动画制作，后更进一步开始参与影视片的特效制作，例如 X 战警 II，最后的武士等。3ds Max 建模功能强大，在角色动画方面具备很强的优势，另外丰富的插件也是其一大亮点，可以说是最容易上手的 3D 软件。3ds Max 和其他相关软件配合流畅，做出来的效果非常逼真。

　　3ds Max 的更新速度超乎人们的想象，几乎是每年都准时推出一个新的版本。版本越高其功能就越强大，其宗旨是使 3D 创作者在更短的时间内创作出更高质量的 3D 作品。

　　目前，最新版本为 3ds Max 2018。如图 1-1 所示为启动界面。在后面的章节中，我们将对该版本的界面布局、基本操作等知识进行逐一介绍。

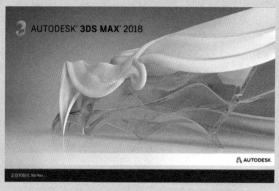

图 1-1

■ 1.1.2　3ds Max 应用领域

　　3ds Max 是世界上应用最广泛的三维建模、动画、渲染软件，被广泛应用于室内设计、游戏动画、建筑设计、影视动画等领域。

（1）室内设计

利用 3ds Max 软件可以制作出各式各样的 3D 室内模型，例如家具模型、场景模型等，如图 1-2 所示。

（2）游戏动画

基于设计与娱乐行业的交互内容的强烈需求，3ds Max 改变了原来的静帧或者动画的方式，由此逐渐催生了虚拟现实这个行业。3ds Max 能为游戏元素创建动画、动作，使这些游戏元素 "活" 起来，从而能够为玩家带来生气勃勃的视觉感官体验，如图 1-3 所示。

图 1-2

图 1-3

（3）建筑设计

3ds Max 建筑设计被广泛应用在各个领域，内容和表现形式也呈现出多样化趋势，主要用于表现建筑的地理位置、外观、内部装修、园林景观、配套设施和其中的人物、动物，自然现象（如风雨雷电、日出日落、阴晴圆缺等），将建筑和环境动态地展现在人们面前，如图 1-4 所示。

（4）影视动画

影视动画是目前媒体中所能见到的最流行的画面形式之一。随着它的普及，3d Max 在动画电影中得到广泛应用，3d Max 数字技术不可思议地扩展了电影的表现空间和表现能力，创造出人们闻所未闻、见所未见的视听奇观及虚拟现实。《阿凡达》《诸神之战》等热门电影都引进了先进的 3D 技术，如图 1-5 所示。

图 1-4

图 1-5

■ 1.1.3   3ds Max 2018 新功能

3ds Max 2018 中纳入了一些全新的功能，让用户可以创建自定义工具并轻松共享其工作成果，因此更有利于跨团队协作。此外，它还可以提高新用户的工作效率，增强其自信心，可以更快速地完成项目，渲染也更顺利。下面来介绍其主要的新功能。

（1）新的用户界面

3ds Max 2018 使用全新的用户界面设计，升级的新版本对所有图标都进行了修改，界面更简洁、更简单，能更快地切换工作区、随意地拖曳时间轴与菜单。

（2）运动路径

可以直接在视口中预览已设置动画的对象路径。在视口的运动路径上，不仅可以调整关键帧的位置，还可以调整关键帧的切线手柄，使运动曲线可以调整得更加平滑。同时也可以将运动路径转换为样条线，或将样条线转换为运动路径。

（3）混合框贴图

混合框贴图简化了混合投影纹理贴图的过程，使用户可以轻松地自定义贴图和输出。利用混合框贴图工具，可以直接通过映射原理为模型创建复杂贴图，还可以调整融合值参数使多种复杂的材质颜色无缝地融合在一起。

（4）数据通道修改器

数据通道修改器是用于自动执行复杂建模操作的工具，它提供了一个访问 Max 内部节点的接口，把模型数据通过输入节点提取出来，经过一系列的节点加工，最后由输出节点输出，从而产生丰富多彩的动画和材质变化。它大大提高了用户的可创造性。

（5）Arnold for 3ds Max

Arnold 属性修改器不仅控制每个对象渲染时的效果和选项，而且内置专业明暗器和材质。同时，Arnold 作为 3ds Max 2018 的内置渲染器，支持 OpenVDB 的体积效果，渲染大气效果、景深、运动模糊和摄影机快门等效果。

1.2   3ds Max 2018 工作界面

3ds Max 2018 完成安装后，即可双击其桌面快捷方式进行启动，其操作界面如图 1-6 所示。从图中可以看出，它包含标题栏、菜单栏、功能区、工具栏、命令面板、状态栏／提示栏（动画面板、窗口控制板、辅助信息栏）等几个部分，下面将分别对其进行介绍。

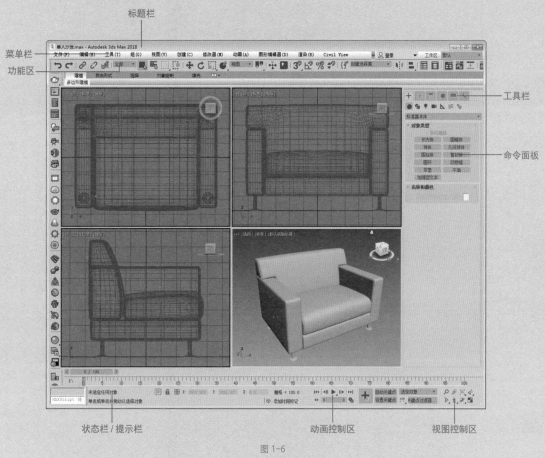

图 1-6

■ 1.2.1 标题栏

标题栏位于工作界面的最上方，只包括了控制窗口按钮，用于控制窗口的最小化、最大化、关闭，如图 1-7 所示。

图 1-7

■ 1.2.2 菜单栏

菜单栏位于标题栏的下方，为用户提供了几乎所有 3ds Max 操作命令。它的形状和 Windows 菜单相似，如图 1-8 所示。在 3ds Max 2018 中，菜单上共有若干个菜单项，下面对部分选项的含义进行介绍。

图 1-8

· 文件：包括对文件的打开、保存、导入与导出，以及摘要信息、文件属性等命令。

- 编辑：包括对对象的拷贝、删除、选定、临时保存等功能。
- 工具：包括常用的各种制作工具。
- 组：用于将多个物体组为一个组，或分解一个组为多个物体。
- 视图：用于对视图进行操作，但对对象不起作用。
- 创建：创建物体、灯光、摄影等。
- 修改器：包括编辑修改物体或动画的命令。
- 动画：用来控制动画。
- 图形编辑器：用于创建和编辑视图。
- 渲染：通过某种算法，体现场景的灯光、材质和贴图等效果。
- 自定义：方便用户按照自己的爱好设置工作界面。3ds Max 2018 的工具栏和菜单栏、命令面板可以被放置在任意的位置。如果用户厌烦了以前的工作界面，可以自己定制一个工作界面保存起来，软件下次启动时就会自动加载。
- 内容：选择"3ds Max 资源库"选项，打开网页链接，里面有 Autodesk 旗下的多种设计软件。
- 帮助：关于软件的帮助文件，包括在线帮助，插件信息等。

关于上述菜单的具体使用方法，我们将在后续章节中逐一进行详细介绍。

> **知识拓展**
>
> 当打开某一个菜单时，若菜单中命令名称旁边有"…"号，即表示单击该命令将弹出一个对话框。若菜单中的命令名称右侧有一个小三角形，即表示该命令后还有其他的命令，单击它可以弹出一个级联菜单。若菜单中命令名称的一侧显示为字母，该字母即为该命令的快捷键，有些时候需与键盘上的功能键配合使用。

■ 1.2.3 工具栏

工具栏位于菜单栏的下方，它集合了 3ds Max 中比较常见的工具，如图 1-9 所示。该工具栏中各工具的含义如表 1-1 所示。

图 1-9

表 1-1

序号	图标	名称	含义
01		选择并链接	用于将不同的物体进行链接
02		断开当前选择链接	用于将链接的物体断开
03		绑定到空间扭曲	用于粒子系统，把场景空间绑定到粒子上，这样才能产生作用
04		选择对象	只能对场景中的物体进行选择使用，而无法对物体进行操作
05		按名称选择	单击后弹出操作窗口，在其中输入名称可以容易地找到相应的物体，方便操作
06		选择区域	矩形选择是一种选择类型，按住鼠标左键拖动来进行选择
07		窗口/交叉	设置选择物体时的选择类型

08		选择并移动	用户可以对选择的物体进行移动操作
09		选择并旋转	单击旋转工具后，用户可以对选择的物体进行旋转操作
10		选择并均匀缩放	用户可以对选择的物体进行等比例的缩放操作
11		选择并放置	将对象准确地定位到另一个对象的曲面上，随时可以使用，不仅限于在创建对象时
12		使用轴点中心	选择多个物体时，可以通过此命令来设定轴中心点坐标的类型
13		选择并操纵	针对用户设置的特殊参数（如滑竿等参数）进行操纵使用
14		捕捉开关	可以使用户在操作时进行捕捉、创建或修改
15		角度捕捉切换	确定多数功能的增量旋转，设置的增量围绕指定轴旋转
16		百分比捕捉切换	通过指定百分比增加对象的缩放
17		微调器捕捉切换	设置 3ds Max 2018 中所有微调器的一个单击所增加减少的值
18		编辑命名选择集	无模式对话框。通过该对话框可以直接从视口创建命名选择集或选择要添加到选择集的对象
19		镜像	可以对选择的物体进行镜像操作，如复制、关联复制等
20		对齐	方便用户对物体进行对齐操作
21		切换层资源管理器	对场景中的物体可以使用此工具分类，即将物体放在不同的层中进行操作，以便用户管理
22		切换功能区	Graphite 建模工具
24		图解视图	设置场景中元素的显示方式等
25		材质编辑器	可以对物体进行材质的赋予和编辑
26		渲染设置	调节渲染参数
27		渲染帧窗口	单击后可以对渲染进行设置
28		渲染产品	制作完毕后可以使用该命令渲染输出，查看效果

■ 1.2.4 视口

　　3ds Max 用户界面的最大区域被分割成四个相等的矩形区域，称之为视口（Viewports）或者视图（Views）。

（1）视口的组成

　　视口是主要工作区域，每个视口的左上角都有一个标签。启动 3ds Max 后，默认的 4 个视口的标签是 Top（顶视口）、Front（前视口）、Left（左视口）和 Perspective（透视视口），如图 1-10 所示。

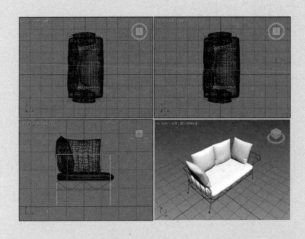

图 1-10

每个视口都包含垂直和水平线，这些线组成了 3ds Max 的主栅格。主栅格包含黑色垂直线和黑色水平线，这两条线在三维空间的中心相交，交点的坐标是 X=0、Y=0 和 Z=0。其余栅格都为灰色显示。

顶视口、前视口和左视口显示的场景没有透视效果，这就意味着在这些视口中同一方向的栅格线总是平行的，不能相交。透视视口类似于人的眼睛和摄像机观察时看到的效果，视口中的栅格线是可以相交的。

（2）视口的改变

默认情况下，窗口有 4 个视口。当我们按改变视口的快捷键时，所对应的窗口就会变为所想改变的视口，下面我们来玩一下改变视口的游戏。首先我们用鼠标激活一个视口，按 B 键，这个视口就变为底视口，此时可以观察物体的底面。用鼠标对着一个视口，然后按以下快捷键可以改变为相应视口。

T= 顶视图（Top）	B= 底视图（Bottom）
L= 左视图（Left）	R= 右视图（Right）
U= 用户视图（User）	F= 前视图（Front）
K= 后视图（Back）	C=摄像机视图（Camera）
Shift+S= 灯光视图	W= 满屏视图

在每个视图的左上角那行英文上单击鼠标右键，将会弹出一个命令栏，在那里也可以更改它的视图显示方式。

■ 1.2.5　命令面板

命令面板位于工作视窗的右侧，包括创建面板、修改面板、层次面板、运动命令面板、显示面板和实用程序面板，通过这些面板可访问绝大部分的建模和动画命令，如图 1-11 所示。

知识拓展

激活视图后，就可以在其中进行创建或编辑模型操作。激活视图后，边框呈黄色，在视图中单击鼠标左键和右键都可以激活视图。单击鼠标右键，可以正确激活视图，需要注意的是在视图的空白处单击鼠标左键也可以激活视图，但是若在任意位置单击鼠标左键，在激活视图的同时也可能会因为失误而选择物体，执行另一个命令操作。

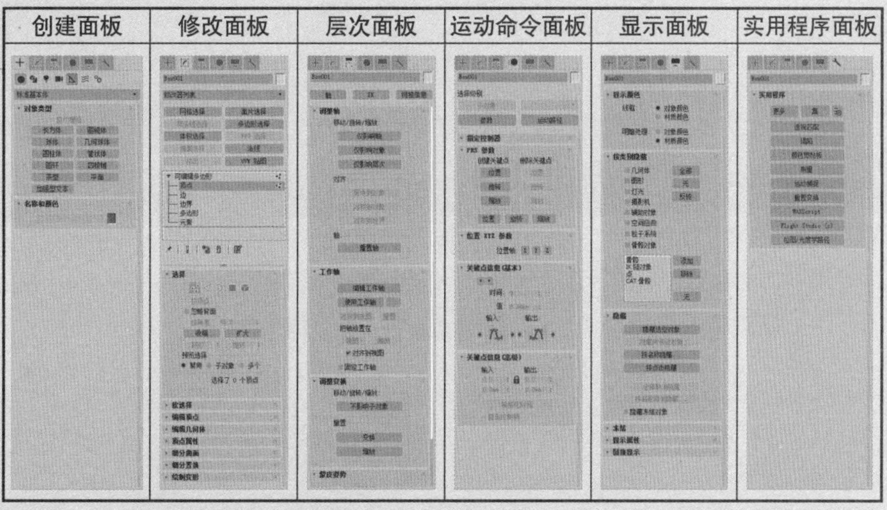

创建面板	修改面板	层次面板	运动命令面板	显示面板	实用程序面板

图 1-11

（1）创建面板 ＋

创建面板提供于创建对象，这是在 3ds Max 中构建新场景的第一步。创建面板将所创建对象种类分为 7 个类别，包括几何形、图形、灯光、摄影机、辅助对象、空间扭曲、系统。

（2）修改面板 ◿

通过面板，可以在场景中放置一些基本对象，包括 3D 几何体、2D 形态、灯光、摄影机、空间扭曲及辅助对象。创建对象的同时系统会为每一个对象指定一组创建参数，该参数根据对象类型定义其几何和其他特性。

（3）层次面板 ⌘

通过层次面板，可以访问用来调整对象间链接的工具。通过将一个对象与另一个对象相链接，可以创建父子关系，应用到父对象的变换同时将传达给子对象。通过将多个对象同时链接到父对象和子对象，可以创建复杂的层次。

（4）运动命令面板 ◉

运动命令面板提供用于设置各个对象的运动方式和轨迹，以及高级动画设置。

（5）显示面板 ▬

通过显示面板可以访问场景中控制对象显示方式的工具。可以隐藏和取消隐藏、冻结和解冻对象改变其显示特性，加速视口显示及简化建模步骤。

（6）实用程序面板 ⚒

通过实用程序面板，可以访问 3ds Max 各种小型程序，并可以编辑各个插件，它是 3ds Max 系统与用户之间对话的桥梁。

■ 1.2.6　动画控制区

动画控制区在工作界面的底部，主要用于制作动画时，进行动画记录、动画帧选择、控制动画的播放和动画时间的控制等，如图 1-12 所示。

控制动画显示区

图 1-12

动画控制区由自动关键点、设置关键点、选定对象、关键点过滤器、控制动画显示区和时间配置按钮等组成，下面将各按钮的含义进行介绍。

- 自动关键点：打开该按钮后，时间帧将显示为红色，在不同的时间上移动或编辑图形即可设置动画。
- 设置关键点：控制在合适的时间创建关键帧。
- 关键点过滤器：在"设置关键点过滤器"对话框中，可以对关键帧进行过滤，只有当某个复选框被选择后，有关该选项的参数才可以被定义为关键帧。
- 控制动画显示区：控制动画的显示，其中包含转到开头、关键点模式切换、上一帧、播放动画、下一帧、转到结尾、设置关键帧位置等，在该区域单击指定按钮，即可执行相应的操作。
- 时间配置：单击该按钮，即可打开"时间配置"对话框，在其中可以动画的时间显示类型、帧速度、播放模式、动画时间和关键点字符等。

■ 1.2.7　状态栏和提示栏

状态栏和提示栏在动画控制区的左侧，主要提示当前选择的物体数目以及使用的命令、坐标位置和当前栅格的单位，如图 1-13 所示。

选择物体数目　　　　　　　　　　孤立当前对象　　　当前坐标　　　　　　栅格显示

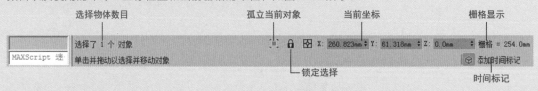

锁定选择

时间标记

图 1-13

■ 1.2.8　视图导航栏

视图导航栏主要控制视图的大小和方位，通过导航栏内相应的按

钮，即可更改视图中物体的显示状态。视图导航栏会根据当前视图的
类型进行相应的调整，如图 1-14 所示。

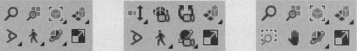

图 1-14

图 1-14 中分别为透视视图导航栏、摄影机视图导航栏和左视图视
图导航栏。视图导航栏由缩放、缩放所有视图、最大化显示选定对象、
所有视图最大化显示选定对象、视野、平移视图、环绕子对象、最大
化视口切换等 8 个按钮组成。

- 缩放 ：单击该按钮后，在视图中单击鼠标左键并拖动鼠标，
  即可缩放视图，使用快捷键 Alt+Z 可以激活该按钮。
- 缩放所有视图 ：在视图中单击鼠标左键并拖动鼠标，即可
  缩放视图区中的所有视图。
- 最大化显示选定对象 ：将选择的对象以最大化的形式显示
  在当前视图中。按 Z 键也可以最大化选择对象。
- 所有视图最大化显示选定对象 ：将选择的对象以最大化的
  形式显示在所有视图中。长按该按钮，在弹出的列表中选择"所
  有视图最大化显示"选项，激活该按钮，即可将所有对象最大
  化显示全部视图中。
- 视野 ：单击该按钮后，上下拖动鼠标即可更改透视视图的"视
  野"，在"视口配置"对话框"视觉样式和外观"选项卡中可
  以设置"视野"值，原始"视野"值为 45。
- 平移视图 ：单击该按钮，指针将更改为 的形状，单击鼠
  标左键拖动 图标，即平移视图，更改视图显示状态。
- 环绕子对象 ：围绕视图中的景物进行视点旋转，使用 Ctrl+R
  快捷键和 Alt+ 鼠标中键快捷键均可以激活该按钮。
- 最大化视图切换 ：将当前视图进行最大化切换操作。

■ 1.2.9 视口布局选项卡

在创建模型时，若当前视图视口布局不满足用户要求，则利用"视
口配置"对话框可以设置视口布局。"布局"选项卡主要用于设置工
作界面的视口布局方式。在该选项卡中选择需要的布局方式，如图 1-15
所示。设置完成后，即可更改视口布局。

■ 1.2.10 场景资源管理器

场景资源管理器主要设置场景中创建物体和使用工具的显示状态，
并优化屏幕显示速度，提高计算机性能。将面板拖动到任意位置，可

以使其更改为悬浮状，如图1-16所示。在不需要使用的时候可以单击"关闭"按钮关闭该面板。

图1-15

图1-16

绘图技巧

如果工作界面被修改得面目全非，不必担心，只需执行"自定义"|"加载自定义用户界面方案"命令，在出现的对话框中选择 Default UI 文件并单击"打开"按钮，即可恢复原始的工作界面。

1.3　单位及其他设置

在创建模型之前，需要对 Max 进行"单位""文件间隔保存"和"快捷键"等设置。通过以上基础设置，可以方便用户创建模型，提高工作效率。

■ 1.3.1　设置单位

在插入外部模型时，如果插入的模型和软件中设置的单位不同，可能会导致插入的模型显示过小，所以在创建和插入模型之前都需要进行单位设置。

对于刚接触 3ds Max 2018 软件的读者来说，一些概念和术语还不是很清楚，比如，在 3ds Max 中关于显示单位比例与系统单位设置的概念，这两者之前有什么联系，又有什么差异，下面将对其进行简单的介绍：

"显示单位比例"选项组只影响几何体在视口中的显示方式。而"系统单位设置"按钮，决定几何体实际的比例。

例如，如果导入一个含有 1×1×1 长方体的 DXF 文件（无单位），那么 3ds Max 可能以英寸或是英里的单位导入长方体的尺寸，具体情况取决于"系统单位设置"。这会对场景产生重要的影响，这也是要在导入或创建几何体之前务必要设置单位的原因。

小试身手——设置单位

下面将系统单位和显示单位比例均设置为毫米，来介绍单位设置的操作方法，具体操作介绍如下。

01 执行"自定义"|"单位设置"命令，打开"单位设置"对话框，如图 1-17 所示。

02 单击对话框上方的"系统单位设置"按钮，打开"系统单位设置"对话框，在"系统单位比例"选项组的下拉列表框中选择"毫米"选项，如图 1-18 所示。

图 1-17　　　　　　　　　　图 1-18

03 单击"确定"按钮，返回"单位设置"对话框，在"显示单位比例"选项组中选中"公制"单选按钮，激活"公制单位"列表框，如图 1-19 所示。

04 单击下拉菜单按钮，在弹出的列表中选择"毫米"选项，如图 1-20 所示。设置完成后单击"确定"按钮，即可完成单位设置操作。

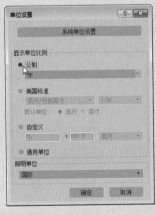 

图 1-19　　　　　　　　　　图 1-20

■ 1.3.2　设置文件间隔保存

在插入或创建的图形较大时，计算机的屏幕显示性能会越来越慢，为了提高计算机性能，用户可以更改文件间隔保存时间。

在"首选项设置"对话框中可以对该功能进行设置，用户可以通过以下方式打开"首选项设置"对话框：

- 执行"自定义"｜"首选项"命令。
- 在工作界面的左上方单击"菜单浏览器"按钮，在弹出的快捷菜单列表中，单击右下方的"选项"按钮。

小试身手——设置文件间隔保存

下面将文件间隔保存设置为 30 分钟为例，来介绍文件间隔保存设置的操作方法，具体操作介绍如下。

01 执行"自定义"｜"首选项"命令，如图 1-21 所示。

02 打开"首选项设置"对话框，如图 1-22 所示。

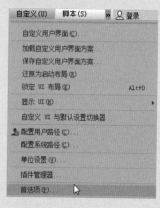

图 1-21

图 1-22

03 在对话框中切换到"文件"选项卡，在"自动备份"选项组中输入"备份间隔"数值，如图 1-23 所示。

04 设置完成后单击"确定"按钮，完成文件间隔设置，如图 1-24 所示。

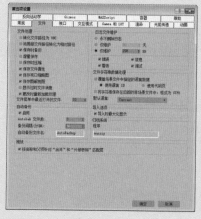

图 1-23

图 1-24

■ 1.3.3　设置快捷键

利用快捷键创建模型可以大大提高工作效率，节省了寻找菜单命令或者工具的时间。为了避免快捷键和外部软件的冲突，用户可以自定义设置快捷键。

在"自定义用户界面"对话框中可以设置快捷键，通过以下方式可以打开"自定义用户界面"对话框：

- 执行"自定义"|"自定义用户界面"命令。
- 在工具栏的"键盘快捷键覆盖切换"按钮 ⬆ 上单击鼠标右键。

小试身手——设置快捷键

下面将附加命令快捷键设置为 Alt+F8，来介绍设置快捷键的操作方法，具体操作介绍如下。

01 执行"自定义"|"自定义用户界面"命令，打开"自定义用户界面"对话框，如图 1-25 所示。

02 切换到"键盘"选项卡，单击"组"列表框，在弹出的列表中选择"可编辑多边形"选项，如图 1-26 所示。

图 1-25

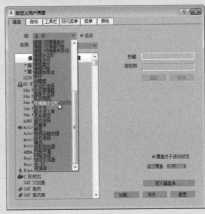

图 1-26

03 在下方的列表框中会显示该组中包含的命令选项，选择需要设置快捷键的选项，如图 1-27 所示。

04 激活右侧的"热键"列表框，并在键盘上按 Alt+F8 组合键，即可设置快捷键，如图 1-28 所示。

05 单击"指定"按钮，指定附加快捷键，如图 1-29 所示。

06 单击"关闭"按钮，即可完成设置快捷键操作，如图 1-30 所示。

图 1-27

图 1-28

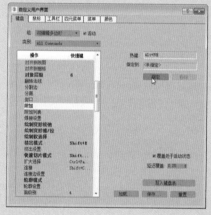

图 1-29

图 1-30

1.4　图形文件的基本操作

本节将主要介绍 3d Max 2018 的基本操作，例如文件的新建、重置等，以及对象的变换、捕捉、对齐、镜像、隐藏、冻结、成组等基本操作。

■ 1.4.1　文件操作

为了更好地掌握并应用 3ds Max 2018，在此将首先介绍关于文件的操作方法。

（1）新建

执行"文件"｜"新建"命令，随后在其右侧区域中将出现 4 种新建方式，如图 1-31 所示，下面将对各选项的含义进行介绍。

- 新建全部：该命令可以清除当前场景的内容，保留系统设置，如视口配置、捕捉设置、材质编辑器、背景图像等。
- 保留对象：用新场景刷新 3d Max，并保留进程设置及对象。
- 保留对象和层次：用新场景刷新 3d Max，并保留进程设置、对象及层次。
- 从模板新建：用新场景刷新 3d Max，根据需要确定是否保留旧场景。

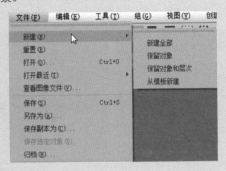

图 1-31

（2）重置

执行"文件"｜"重置"命令，可重置场景。使用"重置"命令可以清除所有数据并重置程序设置（如视口配置、捕捉设置、材质编辑器、背景图像等）。重置可以还原默认设置，并且可以移除当前会话期间所做的任何自定义设置。使用"重置"命令与退出并重新启动 3ds Max 的效果相同。

◼ 1.4.2 变换操作

移动、旋转和缩放操作统称为变换操作，是使用最为频繁的操作。下面将对各操作进行介绍。

（1）选择并移动 ✛

要移动单个对象，选择后使按钮处于活动状态时，单击对象进行选择，当轴线变黄色时，按轴的方向拖动鼠标以移动该对象。

（2）选择并旋转 ↻

要旋转单个对象，选择后使按钮处于活动状态时，单击对象进行选择，并拖动鼠标以旋转该对象。

（3）选择并缩放 ▰

单击主工具栏上的"选择并缩放"按钮，选择用于更改对象大小的 3 种工具。

- 使用"选择并缩放"弹出按钮上的"选择并均匀缩放"按钮 ▰，可以沿所有 3 个轴以相同量缩放对象，同时保持对象的原始比例。

- 使用"选择并缩放"弹出按钮上的"选择非均匀缩放"按钮，可以根据活动轴约束以非均匀方式缩放对象。
- 使用"选择并缩放"弹出按钮上的"选择并挤压"按钮，可以根据活动轴约束来缩放对象。挤压对象势必牵涉到在一个轴上按比例缩小，同时在另两个轴上均匀地按比例增大。

执行"编辑"｜"缩放"命令，选择缩放对象，此时将在模型上显示缩放标志，如图 1-32 所示，将鼠标放置在标志中央，并上下拖动鼠标即可缩放模型对象，如图 1-33 所示。

图 1-32

图 1-33

知识拓展

在进行缩放操作时，当 X 轴以高亮黄色显示时，说明该物体沿 X 轴进行缩放。当 X 轴和 Y 轴以高亮黄色显示时，说明该物体沿 XY 轴进行缩放。当 X、Y、Z 轴均为黄色时，说明该物体进行等比例缩放。

（4）选择并放置

"选择并放置"弹出按钮提供了移动对象和旋转对象的 2 种工具，即"选择并放置"工具和"选择并旋转"工具。

要放置单个对象，无须先将其选中。当工具处于活动状态时，单击对象进行选择并拖动鼠标即可移动该对象。随着鼠标拖动对象，方向将基于基本曲面的方向和"对象上方向轴"的设置进行更改。启用"选择并旋转"工具后，拖动对象会使其围绕通过"对象上方向轴"设置指定的局部轴进行旋转。右键单击该工具按钮，即可打开"放置设置"对话框，如图 1-34 所示。

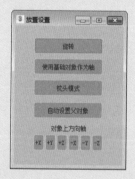
图 1-34

1.4.3 捕捉操作

捕捉操作能够捕捉处于活动状态位置的 3D 空间控制范围，而且有很多捕捉类型可用，可以用于激活不同的捕捉类型。与捕捉操作相关的工具按钮包括捕捉开关、角度捕捉、百分比捕捉。现分别介绍如下。

（1）捕捉开关 2² 2½ 3²

这 3 个按钮代表了 3 种捕捉模式，提供捕捉处于活动状态位置的 3D 空间的控制范围。有很多捕捉类型可用，可以用于激活不同的捕捉类型。

（2）角度捕捉 ⌐²

用于切换确定多数功能的增量旋转，包括标准旋转变换。对象随着旋转对象或对象组，以设置的增量围绕指定轴旋转。

（3）百分比捕捉 %

切换通过指定的百分比增加对象的缩放。当按下捕捉按钮后，可以捕捉栅格、切换、中点、轴点、面中心和其他选项。

当使用鼠标右键单击主工具栏的空区域，在弹出的快捷菜单中选择"捕捉"命令可以开启捕捉设置，如图 1-35 所示。可以使用"捕捉"选项卡上的这些复选框启用捕捉设置的任何组合。

激活"捕捉"按钮，选择模型，此时鼠标进入捕捉状态，指定模型某一点为捕捉点，并拖动到另一个模型的一点，系统将自动捕捉点，如图 1-36、图 1-37 所示。

图 1-35

图 1-36

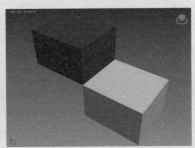
图 1-37

■ 1.4.4 对齐操作

对齐操作可以将当前选择与目标选择进行对齐，这个功能在建模时使用频繁，希望读者能够熟练掌握。

主工具栏中的"对齐"弹出按钮提供了对对齐对象的 6 种不同工具的访问。按从上到下的顺序，这些工具依次为对齐 ▤、快速对齐 ▤、法线对齐 ▤、放置高光 ⦿、对齐摄影机 ◼、对齐到视图 ⟦⟧。

首先在视口中选择源对象，接着在工具栏上单击"对齐"按钮，将光标定位到目标对象上并单击，在开启的对话框中设置对齐参数并完成对齐操作，如图 1-38 所示。

选择模型，单击"对齐"按钮，拾取对齐目标对象，如图 1-39 所示，在打开的"对齐当前选择"对话框中设置对齐参数，这里为"中心"对齐，效果如图 1-40 所示。

图 1-38

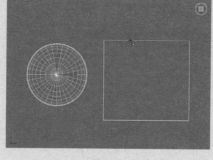

图 1-39

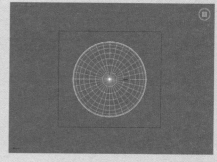

图 1-40

1.4.5　镜像操作

在视口中选择任意对象，在主工具栏上单击"镜像"按钮，打开"镜像：世界坐标"对话框。在开启的对话框中设置镜像参数，然后单击"确定"按钮完成镜像操作。开启的"镜像：世界坐标"对话框如图 1-41 所示。

图 1-41

"镜像轴"选项组表示镜像轴选择为 X、Y、Z、XY、YZ 和 ZX。选择其一可指定镜像的方向。这些选项等同于"轴约束"工具栏上的选项按钮。其中"偏移"选项用于指定镜像对象轴点距原始对象轴点之间的距离。

"克隆当前选择"选项组用于确定由"镜像"功能创建的副本的类型。默认设置为"不克隆"。

- 不克隆：在不制作副本的情况下，镜像选定对象。
- 复制：将选定对象的副本镜像到指定位置。
- 实例：将选定对象的实例镜像到指定位置。

- 参考：将选定对象的参考镜像到指定位置。
- 镜像 IK 限制：当围绕一个轴镜像几何体时，会导致镜像 IK 约束（与几何体一起镜像）。如果不希望 IK 约束受"镜像"命令的影响，可禁用此选项。

选择模型，如图 1-42 所示。单击"镜像"按钮，打开"镜像"对话框，设置镜像轴，复制当前对象，并设置偏移距离，设置完成后，单击"确定"按钮，即可完成模型的镜像操作，如图 1-43 所示。

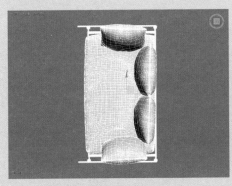
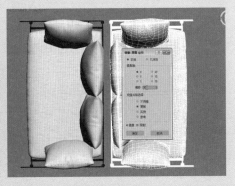

图 1-42   图 1-43

■ 1.4.6 隐藏 / 冻结 / 解冻操作

在视图中选择所要操作的对象，单击鼠标右键，在打开的快捷菜单中将显示"隐藏选定对象""全部取消隐藏""冻结当前选择"等命令。下面将对常用命令进行介绍。

（1）隐藏与取消隐藏

在建模过程中，为了便于操作，常常将部分物体暂时隐藏，以提高界面的操作速度。在需要的时候，再将其显示。

在视口中选择需要隐藏的对象并单击鼠标右键，如图 1-44 所示，在弹出的快捷菜单中选择"隐藏选定对象"或"隐藏未选定对象"命令，将实现隐藏操作。当不需要隐藏对象时，同样在视口中单击鼠标右键，在弹出的快捷菜单中选择"全部取消隐藏"或"按名称取消隐藏"命令，场景的对象将不再被隐藏。

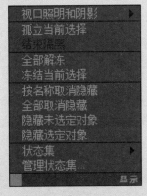

图 1-44

（2）冻结与解冻

在建模过程中，为了便于操作，避免场景中对象的被误操作，常常将部分物体暂时冻结，在需要的时候再将其解冻。

在视口中选择需要冻结的对象并单击鼠标右键，在弹出的快捷菜单中选择"冻结当前选择"命令，将实现冻结操作，如图 1-45 所示为冻结效果。当不需要冻结对象时，同样在视口中单击鼠标右键，在弹出的快捷菜单中选择"全部解冻"命令，场景的对象将不再被冻结，如图 1-46 所示为解冻效果。

 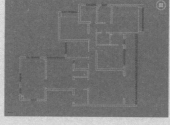

图 1-45   图 1-46

■ 1.4.7　成组操作

控制成组操作的命令集中在"组"菜单中，它包含用于将场景中的对象成组和解组的所有功能，如图 1-47 所示。

图 1-47

- 执行"组"|"组"命令，可将对象或组的选择集组成为一个组。
- 执行"组"|"解组"命令，可将当前组分离为其组件对象或组。
- 执行"组"|"打开"命令，可暂时对组进行解组，并访问组内的对象。
- 执行"组"|"关闭"命令，可重新组合打开的组。
- 执行"组"|"附加"命令，选定对象成为现有组的一部分。
- 执行"组"|"分离"命令，从对象的组中分离选定对象。
- 执行"组"|"炸开"命令，解组组中的所有对象。它与"解组"命令不同，后者只解组一个层级。
- 执行"组"|"集合"命令，在其级联菜单中提供了用于管理集合的命令。

选择模型，可以看到该模型被分成了不同的部分，如图 1-48 所示。选择全部模型，执行"组"|"组"命令，在打开的"组"对话框中输入组名，单击"确定"按钮，即可创建组，如图 1-49 所示。

图 1-48

图 1-49

1.5 课堂练习——自定义用户界面

打开 3ds Max 2018 软件，用户可以根据工作的需要，对软件进行相关的设置，比如设置视口背景色，设置视口边框颜色等，来提高自己的工作效率。下面将对相关的操作方法进行介绍，具体步骤如下。

01 执行"自定义"|"自定义用户界面"命令，打开"自定义用户界面"对话框，如图 1-50 所示。

02 切换到"颜色"选项卡，如图 1-51 所示。

图 1-50

图 1-51

03 单击下方的"加载"按钮，打开"加载颜色文件"对话框，找到 3ds Max 2018 安装文件下的 UI 文件夹，从中选择 ame-light.clrx 文件，路径为 Program Files/Autodesk/3ds Max 2018/de-DE/UI，如图 1-52 所示。

04 单击"打开"按钮，即可发现工作界面的颜色都发生了变化，如图 1-53 所示。

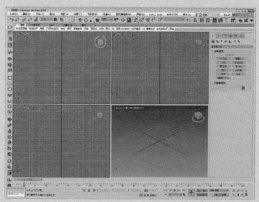

图 1-52　　　　　　　　　　　　　　　　　　　图 1-53

05 执行"自定义"|"自定义用户界面"命令，打开"自定义用户界面"对话框，切换到"颜色"选项卡，如图 1-54 所示。

06 在"视口"元素选项组中选择"视口边框"选项，并设置其颜色为红色，如图 1-55 所示。

图 1-54　　　　　　　　　　　　　　　　　　　图 1-55

07 单击"立即应用颜色"按钮，关闭对话框，可以看到视口边框的颜色已发生改变，如图 1-56 所示。

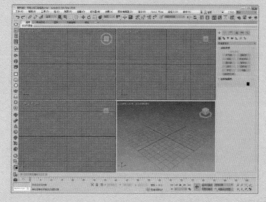

图 1-56

强化训练

通过本章的学习，读者对工作界面、单位及其他设置、图形文件的基本操作等知识有了一定的认识。为了使读者更好地掌握本章所学知识，在此列举几个针对本章知识的习题，以供读者练手。

（1）更改视图视口布局

利用"视口配置"命令，创建新视口，如图 1-57、图 1-58 所示。

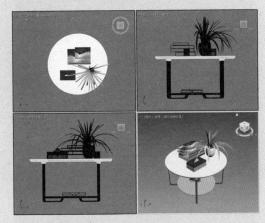

图 1-57

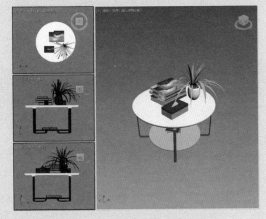

图 1-58

操作提示：

01 打开素材文件，此时视口布局为默认布局，如图 1-57 所示。

02 执行"视图"|"视口配置"命令，在"布局"选项卡中设置视口布局，设置完成后单击"确定"按钮，完成视口布局的创建，效果如图 1-58 所示。

（2）隐藏格栅

下面利用视图控件按钮隐藏顶视图栅格，如图1-59、图1-60所示。

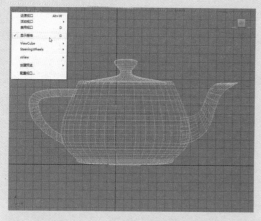

图 1-59

图 1-60

操作提示：

01 打开素材文件，切换至顶视图，如图1-59所示。

02 在左上角单击视图控件按钮，弹出快捷菜单，选择"显示栅格"命令。

03 设置完成后即可隐藏视图中的栅格，如图1-60所示。

CHAPTER 02

建模技术

本章概述 SUMMARY

本章将对常见的建模技术进行介绍，其中包括样条线、基本体、复合对象、常用修改器等知识，通过对本章内容的学习，读者可以掌握建模技术与建模技巧，从而为复杂模型的创建打下良好的基础。

■ 学习目标

通过对本章内容的学习，读者可以掌握建模的方法与技巧。为后面章节的知识学习做好进一步的铺垫。

■ 要点难点

✓ 创建样条线
✓ 常用修改器类型
✓ 创建基本体
✓ 可编辑对象

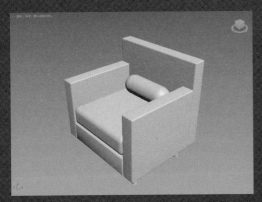
◎单人沙发模型

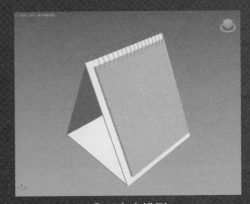
◎双人床模型

2.1 样条线

样条线包括线、矩形、圆、椭圆和圆环、多边形和星形等线条。利用样条线，可以创建三维建模实体，所以掌握样条线的创建是非常必要的。

■ 2.1.1 线的创建

线在样条线中比较特殊，没有可编辑的参数，只能利用顶点、线段和样条线子层级进行编辑。

在"图形"命令面板中单击"线"按钮，如图 2-1 所示。在视图区中依次单击鼠标左键即可创建线，如图 2-2 所示。

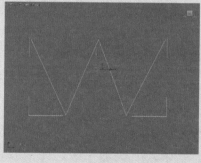

图 2-1   图 2-2

在"几何体"卷展栏中，由"角点"所定义的点形成的线是严格的折线，由"平滑"所定义的节点形成的线可以是圆滑相接的曲线。单击鼠标左键时，若立即松开便形成折角，若继续拖动一段距离后再松开便形成圆滑的弯角。由 Bezier（贝塞尔）所定义的节点形成的线是依照 Bezier 算法得出的曲线，通过移动一点的切线控制柄来调节经过该点的曲线形状。下面介绍"几何体"卷展栏中常用选项的含义，如图 2-3 所示。

- 创建线：是在此样条线的基础上再加线。
- 断开：将一个顶点断开成两个。
- 附加：将两条线转换为一条线。
- 优化：可以在线条上任意加点。
- 焊接：将断开的点焊接起来，"连接"和"焊接"的作用是一样的，只不过"连接"时必须是重合的两点。
- 插入：不但可以插入点还可以插入线。
- 熔合：表示将两个点重合，但还是两个点。
- 圆角：给直角一个圆滑度。
- 切角：将直角切成一条直线。
- 隐藏：把选中的点隐藏起来，但还是存在的。而"取消隐藏"

是把隐藏的点都显示出来。

- 删除：表示删除不需要的点。

图 2-3

使用 3ds Max 创建对象时，在不同的视口创建的物体的轴是不一样的，这样在对物体进行操作时会产生细小的区别。

■ 2.1.2 其他样条线的创建

掌握线的创建操作后，相对其他样条线的创建就简单了很多，下面将对其进行介绍。

（1）矩形

常用于创建简单家具的拉伸原形，关键参数有"可渲染""步数""长度""宽度"和"角半径"，创建矩形样条线的效果如图 2-4 所示。其中常用选项的含义介绍如下。

- 长度：设置矩形的长度。
- 宽度：设置矩形的宽度。
- 角半径：设置角半径的大小。

（2）圆

在"图形"命令面板中单击"圆"按钮，在任意视图单击并拖动鼠标即可创建圆，关键参数有"步数""可渲染""半径"。创建好的圆图形如图 2-5 所示。

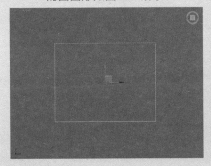

图 2-4

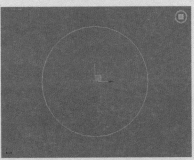

图 2-5

（3）圆环 / 椭圆

创建椭圆和圆形样条线的方法一致，通过"参数"卷轴栏可以设置长度和宽度。而圆环和圆不同，需要设置内框和外框线。创建好的圆环和椭圆样条线，如图 2-6、图 2-7 所示。

图 2-6

图 2-7

（4）多边形

创建多边形的关键参数包括"半径""内接""外接""边数""角半径""圆形"，创建多边形样条线的效果如图 2-8 所示。其中常用选项的含义介绍如下。

- 半径：设置多边形半径的大小。
- 内接和外接：内接是指多边形的中心点到角点之间的距离为内切圆的半径，外接是指多边形的中心点到角点之间的距离为外切圆的半径。
- 边数：设置多边形边数。数值范围为 3 ~ 100，默认边数为 6。
- 角半径：设置圆角半径大小。
- 圆形：勾选该复选框，多边形即可变成圆形。

（5）星形

创建星形的关键参数有"半径 1""半径 2""点""扭曲""圆角半径 1"和"圆角半径 2"，创建星形样条线的效果如图 2-9 所示。其中常用选项的含义介绍如下。

- 半径 1 和半径 2：设置星形的内、外半径。
- 点：设置星形的顶点数目，默认情况下，创建星形的点数目为 6。数值范围为 3 ~ 100。
- 扭曲：设置星形的扭曲程度。
- 圆角半径 1 和圆角半径 2：设置星形内、外圆环上的圆角半径大小。

图 2-8

图 2-9

> **知识拓展**
>
> 在创建星形半径 2 时，向内拖动，可将第一个半径作为星形的顶点，或者向外拖动，将第二个半径作为星形的顶点。

（6）文本

在设计过程中，许多时候都需要创建文本，比如店面名称、商品的品牌等。关键参数有"大小""字间距""更新"和"手动更新"，创建文本样条线的效果如图 2-10 所示。

（7）弧

利用弧样条线可以创建圆弧和扇形，创建的弧形状可以通过修改器生成带有平滑圆角的图形。

关键参数有"端点–端点–中央""中央–端点–端点""半径""从""到""饼形切片"和"反转"，创建弧样条线的效果如图 2-11 所示。其中，常用选项的含义介绍如下。

- 端点–端点–中央：设置弧样条线以端点–端点–中央的方式进行创建。
- 中央–端点–端点：设置弧样条线以中央–端点–端点的方式进行创建。
- 半径：设置弧形的半径。
- 从：设置弧形样条线的起始角度。
- 到：设置弧形样条线的终止角度。
- 饼形切片：勾选该复选框，创建的弧形样条线会更改成封闭的扇形。
- 反转：勾选该复选框，即可反转弧形，生成弧形所属圆周另一半的弧形。

> **知识拓展**
>
> 在创建较为复杂的场景时，为模型起一个标志性的名称，会为接下来的操作带来很大的便利。

图 2-10　　　　　　　　　　　　　　　　图 2-11

（8）螺旋线

利用螺旋线图形工具可以创建弹簧及旋转楼梯扶手等不规则的圆弧形状。关键参数有"半径 1""半径 2""高度""圈数""偏移""顺时针"和"逆时针"，创建螺旋线样条线的效果如图 2-12 所示。其中，常用选项的含义介绍如下。

- 半径 1 和半径 2：设置螺旋线的半径。
- 高度：设置螺旋线起始圆环和结束圆之间的高度。
- 圈数：设置螺旋线的圈数。
- 偏移：设置螺旋线的偏移距离。
- 顺时针和逆时针：设置螺旋线的旋转方向。

（9）截面

即从已有的对象上取得剖面图形作为新的样条线。创建截面样条线的效果如图 2-13 所示，在所需位置创建剖切平面。关键参数有"创建图形"、"移动截面时"更新、"选择截面时"更新、"手动"更新、"无限"和"截面边界"等。

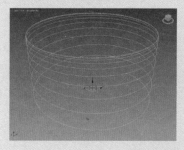

图 2-12   图 2-13

小试身手——创建护栏模型

下面将结合以上所学知识创建护栏模型，具体操作介绍如下。

01 单击"线"按钮，在顶视图创建样条线，如图 2-14 所示。

02 继续执行当前操作，绘制样条线，如图 2-15 所示。

图 2-14   图 2-15

03 任意选择一条样条线，单击鼠标右键，将其转换为可编辑样条线，在修改器面板中设置相关参数，如图 2-16 所示。

04 设置参数后的效果，如图 2-17 所示。

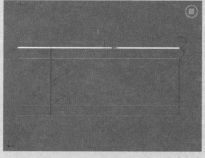

图 2-16   图 2-17

05 按照相同的方法，设置其他样条线，效果如图 2-18 所示。

06 在"修改"命令面板中单击修改器列表的下拉菜单按钮，在弹出的列表中选择"车削"选项，设置完成后，效果如图 2-19 所示。

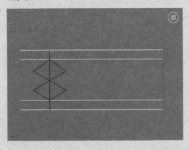 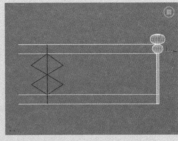

图 2-18　　　　　　　　　　　　　图 2-19

07 复制创建的图形，如图 2-20 所示。

08 将视口切换为透视图，完成护栏模型的绘制，如图 2-21 所示。

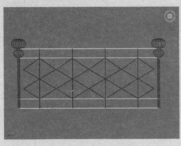 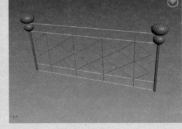

图 2-20　　　　　　　　　　　　　图 2-21

2.2　基本体

　　三维建模是三维设计的第一步，是三维世界的核心和基础。没有一个好的模型，一切好的效果都难以呈现。3ds Max 具有多种建模手段，这里主要讲述的是其内置的几何体建模，即标准基本体、扩展基本体的创建。

■ 2.2.1　创建标准基本体

　　复杂的模型都是由许多标准体组合而成，所以学习如何创建标准基本体是非常关键的。标准基本体是最简单的三维物体，在视图中拖动鼠标即可创建标准基本体。

　　用户可以通过以下方式调用创建标准基本体命令：

- 执行"创建"｜"标准"｜"基本体"的子命令。

- 在命令面板中单击"创建"按钮 **+**，然后在其下方单击"几何体"

按钮●，打开"几何体"命令面板，并在该命令面板中的"对象类型"卷展栏中单击相应的标准基本体按钮。

（1）长方体

长方体是基础建模应用最广泛的标准基本体之一，在各式各样的模型中都存在着长方体，创建长方体的方法有两种，下面将对其进行介绍。

①创建长方体

单击"长方体"按钮，在下方即会出现长方体的"参数"卷展栏，如图 2-22 所示，在该卷展栏中可以更改长方体的数值和其他选项，创建好的长方体模型如图 2-23 所示。

下面具体介绍创建长方体常用选项的含义。

- 立方体：单击该单选按钮，可以创建立方体。
- 长方体：单击该单选按钮，可以创建长方体。
- 长度、宽度、高度：设置立方体的长度数值，拖动鼠标创建立方体时，列表框中的数值会随之更改。
- 长度分段、宽度分段、高度分段：设置各轴上的分段数量。
- 生成贴图坐标：为创建的长方体生成贴图材质坐标，默认为启用。
- 真实世界贴图大小：贴图大小由绝对尺寸决定，与对象相对尺寸无关。

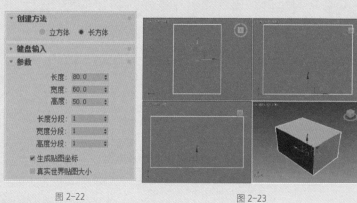

图 2-22　　　　　　　　　　　　　　图 2-23

②创建立方体

创建立方体的方法非常简单，执行"创建"｜"标准基本体"｜"长方体"命令，在"创建方法"卷展栏中选中"立方体"单选按钮，如图 2-24 所示，然后在任意视图中单击并拖动鼠标定义立方体大小，释放鼠标左键即可创建立方体，如图 2-25 所示。

绘图技巧

在创建长方体时，按住 Ctrl 键并拖动鼠标，可以将创建的长方体的地面宽度和长度保持一致，再调整高度即可创建具有正方形底面的长方体。

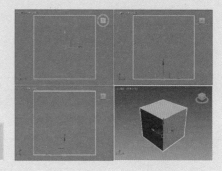

创建方法

⦿ 立方体 ◯ 长方体

图 2-24　　　　　　　　　　　　　　　　　　图 2-25

（2）圆锥体

圆锥体的创建大多用于创建天台，利用"参数"卷展栏中的选项，可以将圆锥体定义成许多形状，在"几何体"命令面板中单击"圆锥体"按钮，命令面板的下方会打开圆锥体的"参数"卷展栏，如图 2-26 所示。创建好的圆锥体模型如图 2-27 所示。

下面具体介绍圆锥体"参数"卷展栏中常用选项的含义。

- 半径 1：设置圆锥体的底面半径大小。
- 半径 2：设置圆锥体的顶面半径，当值为 0 时，将创建为尖顶圆锥体，当大于 0 时，将创建为平顶圆锥体。
- 高度：设置圆锥体主轴的高度。
- 高度分段：设置圆锥体的高度分段。
- 端面分段：设置围绕圆锥体顶面和地面的中心同心分段数。
- 边数：设置圆锥体的边数。
- 平滑：勾选该复选框，圆锥体将进行平滑处理，在渲染中形成平滑的外观。
- 启用切片：勾选其复选框，将激活"切片起始位置"和"切片结束位置"列表框，在其中可以设置切片的角度。

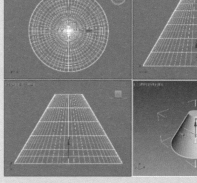

图 2-26　　　　　　　　　　　　　　　　　　图 2-27

（3）球体

无论是建筑建模还是工业建模，球体结构都是必不可少的一种结构。单击"球体"按钮，在命令面板下方会打开球体"参数"卷展栏，如图 2-28 所示。创建好的球体模型如图 2-29 所示。

下面具体介绍球体"参数"卷展栏中常用选项的含义。

- 半径：设置球体半径的大小。
- 分段：设置球体的分段数目，设置的分段会形成网格线，分段数值越大，网格密度越大。
- 平滑：将创建的球体表面进行平滑处理。
- 半球：创建部分球体，定义半球数值，可以定义减去创建球体的百分比数值。有效数值在 0.0 ~ 2.0。
- 挤压：保持球体的顶点数和面数不变，向球体的顶部挤压为半球体的体积。
- 轴心在底部：将轴心设置为球体的底部。默认为禁用状态。

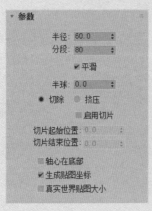

图 2-28

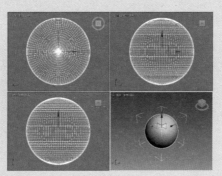

图 2-29

（4）几何球体

几何球体和球体的创建方法一致，在命令面板中单击"几何球体"按钮，在任意视图拖动鼠标即可创建几何球体。在命令面板下方会打开几何球体"参数"卷展栏，如图 2-30 所示。创建好的几何球体模型如图 2-31 所示。

下面具体介绍几何球体"参数"卷展栏中常用选项的含义。

- 半径：设置几何球体的半径大小。
- 分段：设置几何球体的分段。设置分段数值后，将创建网格，数值越大，网格密度越大，几何球体越光滑。
- 基点面类型：基点面类型分为四面体、八面体、二十面体 3 种类型，这些类型分别代表相应的几何球体的面值。

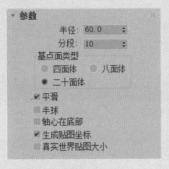

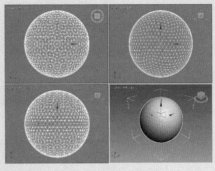

图 2-30   图 2-31

（5）圆柱体

创建圆柱体也非常简单，在几何体命令面板中单击"圆柱体"按钮，在命令面板的下方会打开圆柱体"参数"卷展栏，如图 2-32 所示。创建好的圆柱体模型如图 2-33 所示。

下面具体介绍圆柱体"参数"卷展栏中常用选项的含义。

- 半径：设置圆柱体的半径大小。
- 高度：设置圆柱体的高度值，在数值为负数时，将在构造平面下方进行创建圆柱体。
- 高度分段：设置圆柱体高度上的分段数值。
- 端面分段：设置圆柱体顶面和底面中心的同心分段数量。
- 边数：设置圆柱体周围的边数。

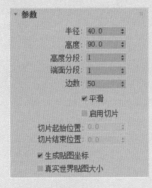

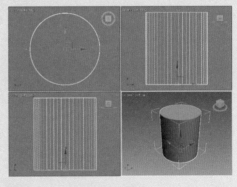

图 2-32   图 2-33

（6）管状体

管状体主要应用于管道之类模型的制作，创建方法非常简单，在"几何体"命令面板中单击"管状体"按钮，在命令面板的下方会打开管状体"参数"卷展栏，如图 2-34 所示。创建好的管状体模型如图 2-35 所示。

下面具体介绍管状体"参数"卷展栏中常用选项的含义。

- 半径 1 和半径 2：设置管状体的底面圆环的内径和外径的大小。

- 高度：设置管状体高度。
- 高度分段：设置管状体高度分段的精度。
- 端面分段：设置管状体端面分段的精度。
- 边数：设置管状体的边数，值越大，渲染的管状体越平滑。

图 2-34   图 2-35

（7）圆环

创建圆环的方法和其他标准基本体有许多相同点，在命令面板中单击"圆环"按钮，在命令面板的下方会打开圆环"参数"卷展栏，如图 2-36 所示。创建好的圆环模型如图 2-37 所示。

下面具体介绍圆环"参数"卷展栏中常用选项的含义。

- 半径 1：设置圆环轴半径的大小。
- 半径 2：设置截面半径大小，定义圆环的粗细程度。
- 旋转：将圆环顶点围绕通过环形中心的圆形旋转。
- 扭曲：决定每个截面扭曲的角度。产生扭曲的表面，若数值设置不当，就会产生只扭曲第一段的情况，此时只需要将扭曲值设置为 360.0，或勾选下方的"启用切片"复选框即可。
- 分段：设置圆环的分段划分数目，值越大，得到的圆形越光滑。
- 边数：设置圆环上下方向上的边数。
- 无：不进行平滑操作。分段：平滑圆环的每个分段，沿着环形生成类似环的分段。

 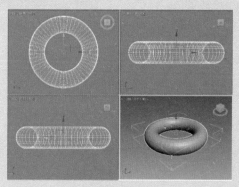

图 2-36   图 2-37

（8）茶壶

茶壶是标准基本体中唯一完整的三维模型实体，单击并拖动鼠标即可创建茶壶的三维实体。在命令面板中单击"茶壶"按钮，在命令面板下方会打开茶壶"参数"卷展栏，如图 2-38 所示。创建好的茶壶模型如图 2-39 所示。

下面具体介绍茶壶"参数"卷展栏中常用选项的含义。

- 半径：设置茶壶的半径大小。
- 分段：设置茶壶及单独部件的分段数。
- 茶壶部件：在"茶壶部件"选项组中包含壶体、壶把、壶嘴、壶盖 4 个茶壶部件，取消勾选相应的部件，则在视图区将不显示该部件。

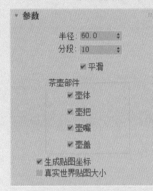
图 2-38

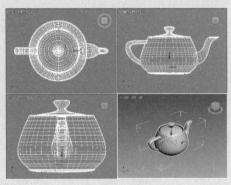
图 2-39

（9）平面

平面是一种没有厚度的长方体，在渲染时可以无限放大。平面常用来创建大型场景的地面或墙体。此外，用户可以为平面模型添加噪波等修改器来创建波涛起伏的海面或陡峭的地形、岩石等，如图 2-40、图 2-41 所示。

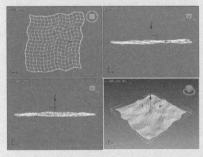

图 2-40

图 2-41

在"几何体"命令面板中单击"平面"按钮，在命令面板的下方会打开平面"参数"卷展栏，如图 2-42 所示。

下面具体介绍"参数"卷展栏中创建平面常用选项的含义。

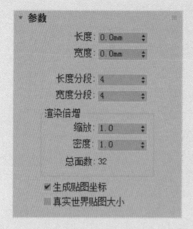

图 2-42

- 长度：设置平面的长度。
- 宽度：设置平面的宽度。
- 长度分段：设置长度的分段数量。
- 宽度分段：设置宽度的分段数量。
- 渲染倍增："渲染倍增"选项组包含缩放、密度、总面数 3 个选项。缩放用于指定平面几何体的长度和宽度在渲染时的倍增数，从平面几何体中心向外缩放。密度用于指定平面几何体的长度和宽度分段数在渲染时的倍增数值。总面数表示显示创建平面物体中的总面数。

（10）加强型文本

加强型文本作为 2018 版本的新功能，主要作用是通过文本内容表达模型。在命令面板中单击"加强型文本"按钮，在视图中框选出文本框范围，在命令面板下方会打开"参数"卷展栏，如图 2-43 所示。创建好的加强型文本内容如图 2-44 所示。

下面具体介绍加强型文本"参数"卷展栏中常用选项的含义。

- 文本：输入所需要的文本内容。
- 打开大文本窗口：打开大文本窗口，在窗口中输入更多的文本内容。
- 字体：设置字体样式。
- 对齐；设置文本内容的对齐方式，包括左对齐、中心对齐、右对齐、最后一个左对齐、最后一个中心对齐、最后一个右对齐、完全对齐等对齐方式。
- 全局参数：大小用于设置文本内容大小值。跟踪用于设置文本内容之间的列间距。行间距用于设置文本内容之间的行间距。V 和 H 比例用于对文本内容进行缩放。

图 2-43

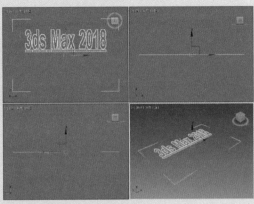

图 2-44

小试身手——创建茶几与茶具模型

下面将结合以上所学知识创建茶几与茶具模型，具体操作介绍如下。

01 创建茶几模型。单击"长方体"按钮，创建 1000mm×800mm× 30mm 的长方体作为桌面，如图 2-45 所示。

02 继续创建 60mm×60mm×450mm 的长方体作为桌腿，并进行复制，如图 2-46 所示。

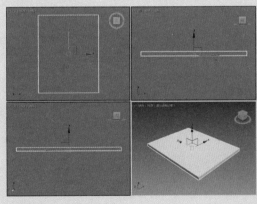

图 2-45

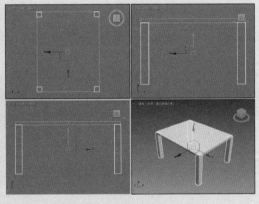

图 2-46

03 继续创建 40mm×800mm×40mm 和 1000mm×40mm×40mm 的长方体作为固定架，并将其进行复制，如图 2-47 所示。

04 继续创建 40mm×600mm×40mm 的长方体作为木条，如图 2-48 所示。

05 单击"茶壶"按钮，创建半径为 80mm 的茶壶模型，如图 2-49 所示。

06 复制茶壶模型，在"参数"卷展栏中设置复制后茶壶的参数，如图 2-50 所示。

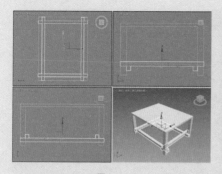

图 2-47   图 2-48

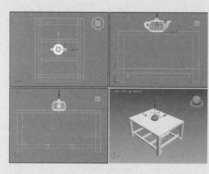

图 2-49   图 2-50

07 创建好的茶杯模型效果如图 2-51 所示。

08 复制茶杯模型，并将其创建成组，完成茶几与茶杯模型的创建，如图 2-52 所示。

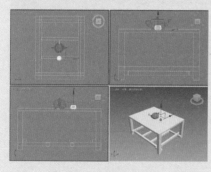

图 2-51   图 2-52

■ 2.2.2　创建扩展基本体

扩展基本体可以创建带有倒角、圆角和特殊形状的物体。和标准基本体相比，它较为复杂一些。用户可以通过以下方式创建扩展基本体：

- 执行"创建"｜"扩展基本体"的子命令。
- 在命令面板中单击"创建"按钮，然后单击"标准基本体"右侧的▼按钮，在弹出的列表中选择"扩展基本体"选项，并在该列表中选择相应的扩展基本体按钮。

（1）异面体

异面体是由多个边面组合而成的三维实体图形，它可以调节异面体边面的状态，也可以调整实体面的数量改变其形状。在"扩展基本体"命令面板中单击"异面体"按钮，在命令面板下方会打开异面体"参数"卷展栏，如图 2-53 所示。创建好的异面体模型如图 2-54 所示。

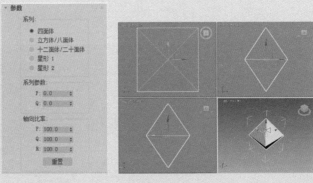

图 2-53   图 2-54

下面具体介绍异面体"参数"卷展栏中常用选项组的含义。

- 系列：该选项组包含四面体、立方体 / 八面体、十二面体 / 二十面体、星形 1、星形 2 选项。主要用来定义创建异面体的形状和边面的数量。
- 系列参数：系列参数中的 P 和 Q 两个参数控制异面体的顶点和轴线双重变换关系。
- 轴向比率：轴向比率中的 P、Q、R 三个参数分别为其中一个面的轴线，设置相应的参数可以使其面进行突出或者凹陷。

（2）切角长方体

切角长方体在创建模型时应用十分广泛，常被用于创建带有圆角的长方体结构。在"扩展基本体"命令面板中单击"切角长方体"按钮，命令面板下方会打开切角长方体"参数"卷展栏，如图 2-55 所示。创建好的切角长方体模型如图 2-56 所示。

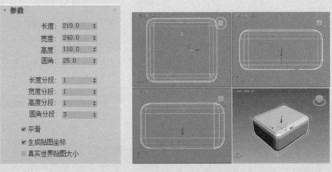

图 2-55   图 2-56

下面将具体介绍切角长方体"参数"卷展栏中常用选项的含义。

- 长度、宽度、高度：设置切角长方体长度、宽度和高度值。
- 圆角：设置切角长方体的圆角半径。值越大，圆角越明显。
- 长度分段、宽度分段、高度分段、圆角分段：设置切角长方体分别在长度、宽度、高度和圆角上的分段数目。

（3）切角圆柱体

创建切角圆柱体和创建切角长方体的方法相同。但在"参数"卷展栏中参数的设置有些不相同，如图 2-57 所示。创建好的切角圆柱体如图 2-58 所示。

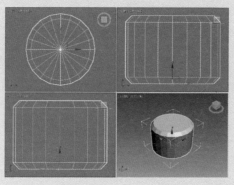

图 2-57   图 2-58

下面将具体介绍切角圆柱体"参数"卷展栏中常用选项的含义。

- 半径：设置切角圆柱体底面和顶面的半径大小。
- 高度：设置切角圆柱体的高度。
- 圆角：设置切角圆柱体的圆角半径大小。
- 高度分段、圆角分段、端面分段：设置切角圆柱体高度、圆角和端面的分段数目。
- 边数：设置切角圆柱体的边数，数值越大，圆柱体越平滑。
- 平滑：勾选"平滑"复选框，即可将创建的切角圆柱体在渲染中进行平滑处理。

小试身手——创建单人沙发模型

下面将结合以上所学知识，创建单人沙发模型，具体操作介绍如下。

01 单击"切角长方体"按钮，设置长为 600mm、宽为 600mm、高为 150mm、圆角为 10mm，创建切角长方体，作为沙发底座，如图 2-59 所示。

02 向上复制切角长方体，设置圆角为 40mm，作为沙发垫，如图 2-60 所示。

03 继续创建长为 100mm、宽为 600mm、高为 500mm、圆角为 10mm 的切角长方体，并将其进行复制；创建长为 100mm、宽为 800mm、高为 700mm、圆角为 10mm 的切角长方体，作为沙发扶手和沙发靠背，如图 2-61 所示。

04 单击"胶囊"按钮，创建半径为 80mm、高为 450mm、边数为 30 的胶囊，作为腰枕，完成单人沙发模型的创建，并创建成组，如图 2-62 所示。

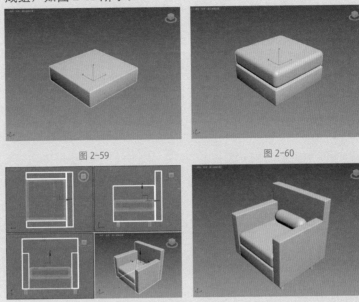

<table>
<tr><td>图 2-59</td><td>图 2-60</td></tr>
<tr><td>图 2-61</td><td>图 2-62</td></tr>
</table>

2.3 NURBS 建模

在 3ds Max 中，建模的方式之一是使用 NURBS 曲面和曲线。NURBS 表示非均匀有理数 B 样条线，特别适合于为含有复杂曲线的曲面建模，因为这些对象经常发生交互，且创建它们的算法效率高，计算稳定性好。

2.3.1 NURBS 对象

NURBS 对象包含曲线和曲面两种，如图 2-63、图 2-64 所示，NURBS 建模也就是创建 NURBS 曲线和 NURBS 曲面的过程，使用它可以使以前实体建模难以实现的圆滑曲面的构建变得简单方便。

图 2-63   图 2-64

（1）NURBS 曲面

运用 NURBS 曲面创建好的藤艺灯饰模型如图 2-65 所示。NURBS 曲面包含点曲面和 CV 曲面两种，含义介绍如下。

- 点曲面：由点来控制模型的形状，每个点始终位于曲面的表面上。
- CV 曲面：由控制顶点来控制模型的形状，CV 形成围绕曲面的控制晶格，而不是位于曲面上。

（2）NURBS 曲线

运用 NURBS 曲线创建好的高脚杯模型如图 2-66 所示。NURBS 曲线包含点曲线和 CV 曲线两种，含义介绍如下。

- 点曲线：由点来控制曲线的形状，每个点始终位于曲线上。
- CV 曲线：由控制顶点来控制曲线的形状，这些控制顶点不必位于曲线上。

> **知识拓展**
>
> NURBS 造型系统由点、曲线和曲面 3 种元素构成，曲线和曲面又分为标准和 CV 型，创建它们既可以在创建命令面板内完成，也可以在一个 NURBS 造型内部完成。

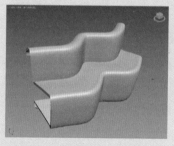

图 2-65

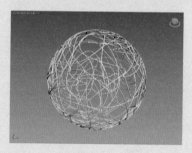

图 2-66

2.3.2 编辑 NURBS 对象

在 NURBS 对象的参数面板中共有 7 个卷展栏，分别是"常规""显示线参数""曲面近似""曲线近似""创建点""创建曲线"和"创建曲面"卷展栏，如图 2-67 所示。而在选择"曲面"或者"点"子层级时，又会分别出现不同的参数卷展栏，如图 2-68、图 2-69 所示。

图 2-67

图 2-68

图 2-69

（1）常规

"常规"卷展栏中包含了附加、导入以及 NURBS 工具箱等，如

图 2-70 所示。单击"NURBS 创建工具箱"按钮 ，即可打开 NURBS 工具箱，如图 2-71 所示。

（2）曲面近似

为了渲染和显示视口，可以使用"曲面近似"卷展栏，控制 NURBS 模型中的曲面子层级的近似值求解方式。参数面板如图 2-72 所示，其中常用选项的含义介绍如下。

图 2-70

图 2-71

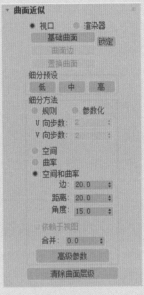

图 2-72

- 基础曲面：启用此选项后，设置将影响选择集中的整个曲面。
- 曲面边：启用该选项后，设置影响由修剪曲线定义的曲面边的细分。
- 置换曲面：只有在选中"渲染器"的时候才启用。
- 细分预设：用于选择低、中、高质量层级的预设曲面近似值。
- 细分方法：如果已经选择"视口"，该组中的控件会影响 NURBS 曲面在视口中的显示。如果选择"渲染器"，这些控件还会影响渲染器显示曲面的方式。
  - 规则：根据"U 向步数""V 向步数"在整个曲面内生成固定的细化。
  - 参数化：根据"U 向步数""V 向步数"生成自适应细化。
  - 空间：生成由三角形面组成的统一细化。
  - 曲率：根据曲面的曲率生成可变的细化。
  - 空间和曲率：通过所有三个值使空间方法和曲率方法完美结合。

（3）曲线近似

在模型级别上，近似空间影响模型中的所有曲线子对象。参数面板如图 2-73 所示，各参数含义介绍如下。

- 步数：用于近似每个曲线段的最大线段数。
- 优化：启用此复选框，可以优化曲线。
- 自适应：基于曲率自适应分割曲线。

（4）创建点 / 曲线 / 曲面

　　这三个卷展栏中的工具与 NURBS 工具箱中的工具相对应，主要用来创建点、曲线、曲面对象，如图 2-74 ~ 图 2-76 所示。

图 2-73　　　　　　　图 2-74　　　　　　　图 2-75　　　　　　　图 2-76

小试身手——创建造型长椅模型

　　下面将结合以上所学知识创建造型长椅模型，具体操作介绍如下。

01 在前视图单击"线"按钮，绘制靠椅的轮廓样条线，如图 2-77 所示。

02 进入修改命令面板，在"顶点"子层级中全选顶点，单击鼠标右键，在弹出的快捷菜单中选择"平滑"选项，调整样条线，如图 2-78 所示。

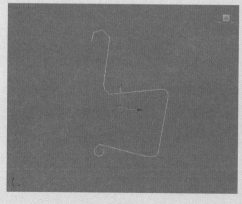

图 2-77

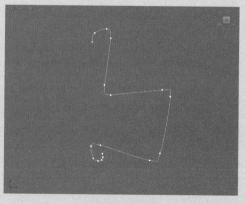

图 2-78

03 复制并调整样条线的位置，如图 2-79 所示。

04 全选样条线，将其转换为 NURBS，在"常规"卷展栏中单击"NURBS 创建工具箱"按钮，如图 2-80 所示。

05 在打开的 NURBS 工具箱中，单击"创建 U 向放样曲面"按钮，如图 2-81 所示。

06 在视口中依次选择样条线，效果如图 2-82 所示。

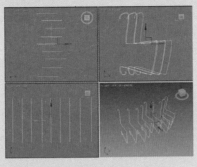

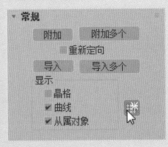

图 2-79   图 2-80

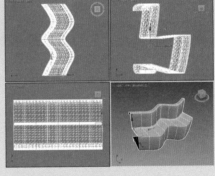

图 2-81   图 2-82

07 为模型添加"壳"修改器，在"参数"卷展栏中设置"外部量"为 10.0mm，如图 2-83 所示。

08 创建好的造型长椅效果如图 2-84 所示。

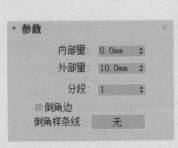

图 2-83   图 2-84

2.4 创建复合对象

所谓复合对象，就是指利用两种或者两种以上二维图形或三维模型复合成一种新的、比较复杂的三维造型。

在命令面板中选择"创建" ✛ | "几何体" ● | "复合对象"选项，即可看到所有对象类型，其中包括变形、散布、一致、连接、水滴网格、图形合并、布尔、地形、放样、网格化、ProBoolean、ProCutter，如图2-85所示。

图 2-85

下面将对其中部分命令进行介绍。

- 变形：在两个具有相同顶点数的对象之间自动插入动画帧，使一个对象变成另外一个对象，完成变形动画的制作。
- 散布：在选定的分布对象，将离散对象随机地分布在对象的表面或体内。
- 连接：连接两个具有开放面的对象，因此两个对象都必须是网格对象或是可以转换为网格对象的模型，并且它们必须都有开放面，通常的做法是将需要连接部分的面删除而生成开放面。
- 水滴网格：这是一个变形球建模系统，可以制作流体附着在物体表面的动画和黏稠的液体。
- 布尔：这是一个数学集合的概念，它对两个或两个以上具有重叠部分的对象进行布尔运算。运算方式包括：并集（相当于数学运算"+"）、差集（相当于数学运算"−"）、交集（取两个对象重叠的部分）、合并、附加、插入。
- 放样：沿样条曲线放置横截面样条曲线。

■ 2.4.1 布尔

布尔运算是通过对两个或两个以上几何对象进行并集、差集、交集的运算，从而得到一种复合对象。每个参与结合的对象被称为运算对象，通常参与运算的两个布尔对象应该有相交的部分。单击"布尔"按钮后将会打开"布尔参数"和"运算对象参数"卷展栏，如图2-86所示。

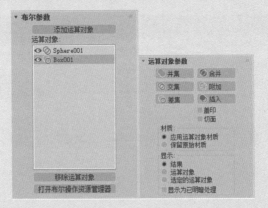

图 2-86

下面将对卷展栏中常用选项的含义进行介绍。

- 添加运算对象：单击该按钮，在场景中选择另一个物体，即可完成布尔合成。
- 移除运算对象：删除场景中所选对象。
- 打开布尔操作资源管理器：在打开的该对话框中可以查看布尔运算的历史记录。
- 并集/插入：将两个物体进行合并，相交的部分将被删除，运算完成后两个物体将成为一个整体。
- 差集：在A物体中减去与B物体重合的部分。
- 交集：用于将两个物体相交的部分保留下来，删除不相交的部分。
- 合并/附加：将两个物体进行合并，相交的部分被保留，运算完成后两个物体将成为一个整体。

①并集

任意选择一个模型，然后单击"并集"按钮，再选择需要并集的对象，如图2-87所示为并集前效果，如图2-88所示为并集后效果。

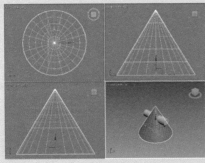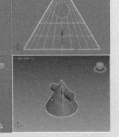

图 2-87   图 2-88

②交集

任意选择一个模型,然后单击"交集"按钮,再选择需要交集的对象,如图 2-89 所示为交集前效果,如图 2-90 所示为交集后效果。

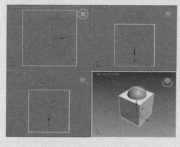

图 2-89 图 2-90

③差集

任意选择一个模型,然后单击"差集"按钮,再选择需要差集的对象,如图 2-91 所示为差集前效果,如图 2-92 所示为差集后效果。

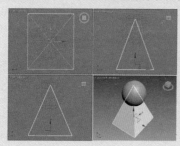
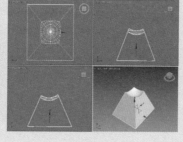

图 2-91 图 2-92

■ 2.4.2 放样

放样是将一个二维形体对象作为沿某个路径运动的剖面,而形成复杂的三维对象。同一路径上,可在不同的段给予不同的形体。用户可以利用放样来实现很多复杂模型的构建,如图 2-93 所示为参数卷展栏。下面将对卷展栏中常用选项的含义进行介绍。

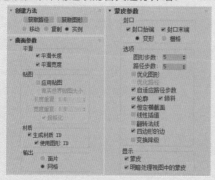

图 2-93

绘图技巧

放样可以选择物体的截面图形后获取路径放样物体,也可通过选择路径后获取图形的方法放样物体。

- 图形步数：设置造型顶点之间的步数，加大它的值会使造型外表上更加光滑。
- 路径步数：设置路径顶点之间的步数，加大数值会使造型在路径上更加光滑。
- 优化图形：该选项会对截面进行优化，可以减少造型的复杂程度。
- 优化路径：该选项会对路径进行优化，可以减少造型的复杂程度。
- 自适应路径步数：可以确定是否对路径进行优化处理。
- 翻转法线：以使生成的面可见。

需要说明的是，放样可以选择物体的截面图形后获取路径放样物体，也可通过选择路径后获取图形的方法放样物体。在制作放样物体前，首先要创建放样物体的二维路径与截面图形。如图 2-94 所示为放样前效果，如图 2-95 所示为放样后效果。

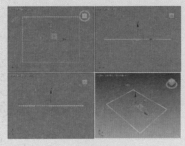 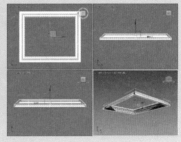

图 2-94　　　　　　　　　　　　　　图 2-95

小试身手——创建垃圾桶模型

下面将结合以上所学知识创建垃圾桶模型，具体操作介绍如下。

01 单击"切角圆柱体"按钮，设置半径为 200mm、高度为 500mm、圆角为 10mm、圆角分段为 3、边数为 24，效果如图 2-96 所示。

02 单击"切角长方体"按钮，设置长度为 200mm、宽度为 120mm、高度为 120mm、圆角为 5mm、圆角分段为 3mm，并将创建好的切角长方体放在切角圆柱体合适位置，如图 2-97 所示。

图 2-96　　　　　　　　　　　　　　图 2-97

03 选择切角圆柱体，在"复合对象"命令面板中单击"布尔"按钮，在"运算对象参数"卷展栏中单击"差集"按钮，如图 2-98 所示。

04 在"布尔参数"卷展栏中单击"添加运算对象"按钮，在视口中选择切角长方体，如图 2-99 所示。

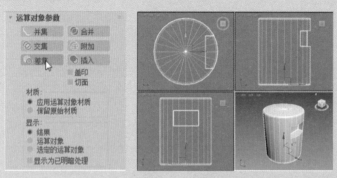

图 2-98   图 2-99

05 继续创建切角圆柱体，设置半径为 180mm、高度为 450mm、圆角为 30mm、圆角分段为 3、边数为 24，放在模型内部，如图 2-100 所示。

06 选择差集后的模型，单击"差集"按钮，将刚创建的切角圆柱体从模型中减去，创建好的垃圾桶模型，如图 2-101 所示。

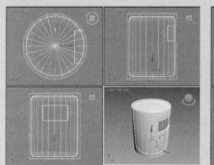

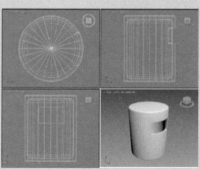

图 2-100   图 2-101

2.5 常用修改器类型

在三维模型的创建过程中，经常需要利用修改器对模型进行修改。本章主要介绍三维模型常用的修改器，包括"弯曲""挤出""车削""FFD""晶格"等。

2.5.1 "弯曲"修改器

"弯曲"修改器可以使物体进行弯曲变形，用户可以根据需要设置弯曲角度和方向等，也可以修改现在指定的范围。该修改器常被用于管道变形和人体弯曲等。打开修改器列表，选择"弯曲"选项，即可调用"弯曲"修改器，命令面板的下方将弹出"参数"卷展栏，如图 2-102 所示。添加"弯曲"修改器创建的模型效果如图 2-103 所示。

下面对常用选项的含义进行介绍。

- 弯曲：控制实体的角度和方向值。
- 弯曲轴：控制弯曲的坐标轴向。
- 限制：限制实体弯曲的范围。勾选"限制效果"复选框，将激活"限制"命令，在"上限"和"下限"选项框中设置限制范围即可完成限制效果。

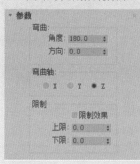
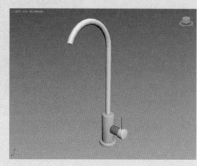

图 2-102   图 2-103

2.5.2 "挤出"修改器

"挤出"修改器是为闭合的二维图形增加厚度，将其拉伸成三维的几何实体。其对应的对象是闭合的二维图形，对于没有闭合的二维图形，其拉伸出来的是一个片面物体，其"参数"卷展栏如图 2-104 所示。添加"挤出"修改器创建的模型效果如图 2-105 所示。

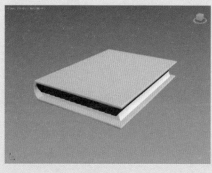

图 2-104   图 2-105

下面对常用选项的含义进行介绍。

- 数量：用于设置挤出来的厚度。
- 分段：用于设置厚度方向上的分段数。
- 封口始端：用于顶面的显示与渲染。
- 封口末端：用于底面的显示与渲染。

■ 2.5.3 "车削"修改器

"车削"修改器是通过旋转的方法利用二维图形生成三维实体模型，常用来制作高度对称的物体。其"参数"卷展栏如图 2-106 所示。添加"车削"修改器创建的模型效果如图 2-107 所示。

图 2-106

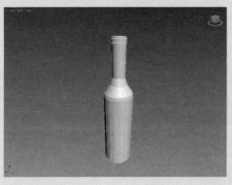

图 2-107

下面对常用选项的含义进行介绍。

- 度数：用于设置车削旋转的度数。
- 焊接内核：将轴心重合的顶点进行焊接，旋转中心轴的地方将产生光滑的效果，得到平滑无缝的模型，简化网格面。
- 分段：用于设置车削出来的物体截面的分段数。
- 封口：旋转模型起止端是否具有端盖以及端盖的方式。
- 方向：用于设置车削的旋转轴。
- 对齐：用于设置旋转轴和对象顶点的对齐方式。

■ 2.5.4 FFD 修改器

FFD 修改器是对网格对象进行变形修改的最主要的修改器之一，其特点是通过控制点的移动带动网格对象表面产生平滑一致的变形。在使用 FFD 修改器后，命令面板的下方将显示"FFD 参数"卷展栏，如图 2-108 所示。添加 FFD 修改器创建的模型效果如图 2-109 所示。

下面具体介绍"FFD 参数"卷展栏中各选项的含义。

- 晶格：只显示控制点形成的矩阵。
- 源体积：显示初始矩阵。
- 仅在体内：只影响位于最小单元格内的面。

- 所有顶点：影响对象的全部节点。
- 重置：回到初始状态。
- 与图形一致：转换为图形。
- 外部点 / 内部点：仅控制受"与图形一致"影响的对象外部点 / 内部点。
- 偏移：设置偏移量。

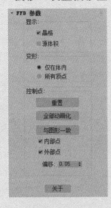 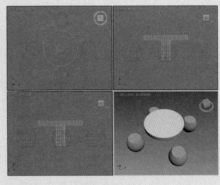

图 2-108 图 2-109

■ 2.5.5 "晶格"修改器

"晶格"修改器可以将创建的实体进行晶格处理，快速编辑和创建框架结构，在使用"晶格"修改器之后，命令面板的下方将弹出"参数"卷展栏，如图 2-110 所示。添加"晶格"修改器创建的模型效果如图 2-111 所示。

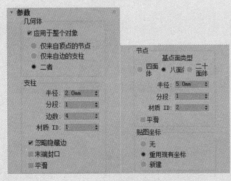 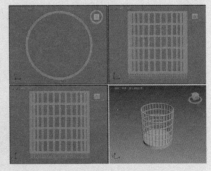

图 2-110 图 2-111

下面具体介绍"参数"卷展栏中各常用选项的含义。

- 应用于整个对象：选中该复选项，然后选择晶格显示的物体类型。在该复选框下包含"仅来自顶点的节点""仅来自边的支柱"和"二者"三个单选按钮，它们分别表示晶格显示是以顶点、支柱以及顶点和支柱显示。
- 半径：设置物体框架的半径大小。

- 分段：设置框架结构上物体的分段数值。
- 边数：设置框架结构上物体的边数。
- 材质 ID：设置框架的材质 ID 号，通过它的设置可以实现物体不同位置赋予不同的材质。
- 平滑：使晶格实体后的框架平滑显示。
- 基点面类型：设置节点面的类型。其中包括四面体、八面体和二十面体。
- 半径：设计节点的半径大小。

小试身手——创建台历模型

下面将结合以上所学知识创建台历模型，具体操作介绍如下。

01 创建主体模型。单击"线"按钮，在左视图绘制样条线，如图 2-112 所示。

02 转换为可编辑样条线，进入样条线层级，并全选样条线，如图 2-113 所示。

图 2-112

图 2-113

03 在"几何体"卷展栏中设置轮廓值为 2mm，效果如图 2-114 所示。

04 添加"挤出"修改器，设置挤出数量为 180mm，如图 2-115 所示。

图 2-114

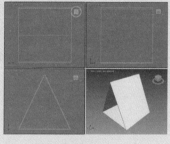
图 2-115

05 创建纸张模型。在左视图单击"线"按钮，创建样条线，如图 2-116 所示。

06 进入修改器，设置样条线轮廓值为 0.5mm，并添加"挤出"
修改器，设置挤出数量为 160mm，效果如图 2-117 所示。

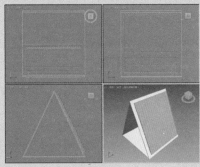

图 2-116　　　　　　　　　　　　　　　　图 2-117

07 创建圆扣模型。在左视图单击"圆"按钮，设置半径为
15mm，如图 2-118 所示。

08 进入"修改"命令面板，在"参数"卷展栏中勾选"在渲
染中启用"和"在视口中启用"复选框，并设置径向厚度为0.5mm，
如图 2-119 所示。

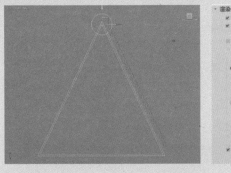

图 2-118　　　　　　　　　　　　　　　　图 2-119

09 设置后的效果如图 2-120 所示。

10 复制创建好的圆扣模型，创建好的台历模型效果如图 2-121
所示。

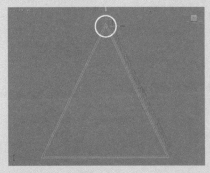
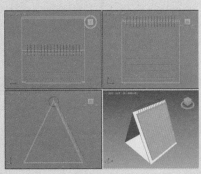

图 2-120　　　　　　　　　　　　　　　　图 2-121

2.6 可编辑对象

可编辑对象包括"可编辑样条线""可编辑多边形""可编辑网格"，这些可编辑对象都包含于修改器之中。这些命令在建模中是必不可少的，用户必须熟练掌握，下面将对其进行介绍。

2.6.1 可编辑样条线

创建样条线之后，若不满足用户的需要，可以编辑和修改创建的样条线，在 3ds MaX 中，除了可以通过"节点""线段"和"样条线"等编辑样条线，还可以在参数卷展栏更改数值，编辑样条线。

（1）样条线的组成部分

样条线包括节点、线段、切线手柄、步数等部分，利用样条线的组成部分可以不断地调整其状态和形状。

节点就是组成样条线上任意一段的端点，线段是指两端点之间的距离，单击鼠标右键，在快捷菜单中选择"Bezier 角点"命令，顶点上就会显示切线手柄，调整手柄的方向和位置，可以更改样条线的形状。

（2）转换为可编辑样条线

如果需要对创建的样条线的节点、线段等进行修改，首先需要转换为可编辑样条线，才可以进行编辑操作。

选择样条线并单击鼠标右键，在快捷菜单中选择"转换为"｜"转换为可编辑样条线"命令，如图 2-122 所示，此时将转换为可编辑样条线，在修改器堆栈栏中可以选择编辑样条线方式，如图 2-123 所示。

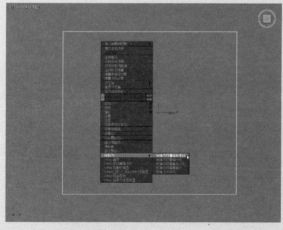

图 2-122

图 2-123

（3）编辑顶点子层级

在顶点和线段之间创建的样条线，这些元素称为样条线子层级。

将样条线转换为可编辑样条线之后，可以编辑顶点子层级、线段子层级和样条线子层级等。

在进行编辑顶点子层级之前，首先要把可编辑的样条线切换成顶点子层级，用户可以通过以下方式切换顶点子层级。

- 在可编辑样条线上单击鼠标右键，在弹出的快捷菜单中选择"顶点"命令，如图 2-124 所示。

知识拓展

利用快捷菜单也可以编辑顶点子层级。

选择 Bezier 命令，此时将会显示切线手柄，拖动任意手柄，即可整体调整切线手柄所属的样条线线段。

选择"Bezier 角点"命令，两条切线手柄各不相关，拖动任意一方手柄，只可以调整切线手柄的一方，不影响另一方线段。

选择"平滑"命令，即可对顶点所属的线段进行平滑处理。

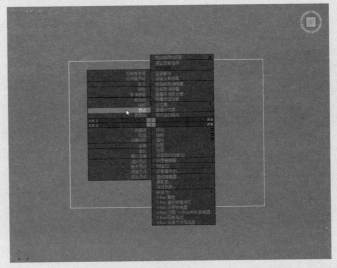

图 2-124

- 在"修改"命令面板修改器中展开"可编辑样条线"卷展栏，在弹出的列表中单击"顶点"选项，如图 2-125 所示。

图 2-125

在激活顶点子层级后，命令面板的下面会出现许多修改顶点子层级的选项，下面具体介绍各常用选项的含义。

- 优化：单击该按钮，在样条线上可以创建多个顶点。
- 切角：设置样条线切角。
- 删除：删除选定的样条线顶点。

（4）编辑线段子层级

激活线段子对象，即可进行编辑线段子对象的操作。和编辑顶点子对象相同，激活线段子对象后，在命令面板的下方将会出现编辑线

知识拓展

下面将对分离选项进行深入介绍。

- "当""同一图形"：表示使分离的线段保留为形状的一部分（而不是生成一个新形状）。
- "重定向"：用于将分离出的线段复制并重新定位，并使其与当前活动栅格的原点对齐。
- "复制"：表示复制分离线段，而不是移动它。

段的各选项，下面具体介绍编辑线段子层级中各常用选项的含义。

- 附加：单击该按钮，选择附加线段，则附加过的线段将合并为一体。
- 附加多个：在"附加多个"对话框中可以选择附加多个样条线线段。
- 横截面：可以在合适的位置创建横截面。
- 优化：创建多个样条线顶点。
- 隐藏：隐藏指定的样条线。
- 全部取消隐藏：取消隐藏选项。
- 删除：删除指定的样条线段。
- 分离：将指定的线段与样条线分离。

（5）编辑样条线子层级

将创建的样条线转换成可编辑样条线之后，激活样条线子对象，在命令面板的下方也会相应显示编辑样条线子对象的各选项，下面具体介绍编辑样条线子对象中各常用选项的含义。

- 附加：单击该按钮，选择附加的样条线，则附加过的样条线将合并为一体。
- 附加多个：在"附加多个"对话框中可以选择附加多个样条线。
- 轮廓：在"轮廓"列表框中输入轮廓值即可创建样条线轮廓。
- 布尔：单击相应的布尔值按钮，然后再执行布尔运算，即可显示布尔后的状态。
- 镜像：单击相应的镜像方式，然后再执行镜像命令，即可镜像样条线；勾选下方的"复制"复选框，可以执行复制并镜像样条线命令；勾选"以轴为中心"复选框，可以设置镜像中心方式。
- 修剪：单击该按钮，即可添加修剪样条线的顶点。
- 延伸：将添加的顶点进行延伸操作。

知识拓展

下面将对布尔选项进行深入介绍。
- 并集：表示将两个重叠样条线组合成一个样条线，重叠的部分被删除。
- 差集：表示从第一个样条线中减去与第二个样条线重叠的部分，并删除第二个样条线中剩余的部分。

■ 2.6.2 可编辑多边形

在顶点、边和面之间创建的多边形，这些元素称为多边形的子层级，将多边形转换为可编辑多边形之后，可以编辑顶点、边、多边形层级等。

（1）转换为可编辑多边形

如果需要对多边形的顶点、边、多边形进行修改，就需要将多边形转换为可编辑多边形。选择多边形并单击鼠标右键，在快捷菜单中选择"转换为"｜"转换为可编辑多边形"命令，如图 2-126 所示，此时将转换为可编辑多边形，在修改器堆栈栏中可以选择编辑多边形的方式，如图 2-127 所示。

（2）编辑顶点子层级

在选择"顶点"子层级选项后，命令面板的下方将出现修改顶点子层级的卷展栏，如图 2-128 所示，下面具体介绍各卷展栏的含义。

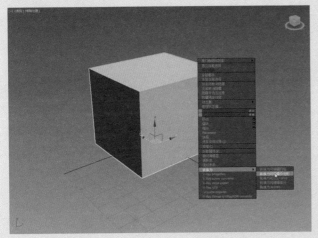

图 2-126　　　　　　　　　　　　图 2-127　　　　　　　图 2-128

- 选择：设置需要编辑的子层级，并对选择的顶点进行创建和修改。在卷展栏的下方还显示有关选定实体的信息。
- 软选择：允许部分选择邻接处的子层级，在对子层级选择进行变换时，被部分选定的子层级就会平滑地进行绘制，这种效果随着距离或部分选择的"强度"而衰减。在勾选"使用软选择"复选框后，才可以进行软选择操作。
- 编辑顶点：提供编辑顶点的工具。
- 顶点属性：设置顶点颜色、照明颜色和选择顶点的方式。
- 细分曲面：将细分应用于采用网格平滑格式的对象，以便可以对分辨率较低的"框架"网格进行操作，同时查看更为平滑的细分结果。该卷展栏既可以在所有子层级使用，也可以在对象层级使用。因此，会影响整个对象。
- 细分置换：指定用于细分可编辑多边形对象的曲面近似设置。这些控件的工作方式与 NURBS 曲面的曲面近似设置相同。对可编辑多边形对象应用置换贴图时会使用这些控件。
- 绘制变形："绘制变形"可以推、拉或者在对象曲面上拖动鼠标光标来影响顶点。在层级上，"绘制变形"可以影响选定对象中的所有顶点。在子层级上，它仅会影响选定顶点（或属于选定子层级的顶点）以及识别软选择。

（3）编辑边子层级

　　激活边子层级，在命令面板的下方会弹出编辑边子层级的各卷展栏。设置边子层级和顶点子层级的卷展栏是相同的，这里就不具体介绍，和编辑顶点子层级唯一不同的是增加了"编辑边"卷展栏，如图 2-129 所示，下面介绍"编辑边"卷展栏中常用选项的含义。

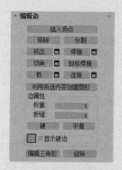

图 2-129

- 插入顶点：单击该按钮，可以在多边形的边上插入顶点。
- 移除：删除选定边并组合使用这些边的多边形。
- 挤出：挤出选择的边，并创建多边形。
- 切角：将选定的边进行切角操作，切角之后可以创建面，或者设置创建面的边数。
- 分割：将一个实体对象分割成几个单独的实体。
- 焊接：将不闭合物体边界上的两条边通过焊接命令，将其更改为闭合图形。当选择物体的两条边进行焊接操作时，如果没有焊接成功，可以更改焊接数值大小，这样即可完成焊接。
- 目标焊接：单击"目标焊接"按钮后，通过指定的边可以完成目标焊接。
- 连接：选择多边形的边，然后创建多个边线。

知识拓展

移除和 Delete 不同：Delete 是删除所选点所在的面；移除不会删除点所在的面，但可能会对物体的外形产生影响（可能导致网格形状变化并生成非平面的多边形）。

（4）编辑多边形子层级

编辑多边形子层级，主要是对多边形的面进行编辑。与顶点和边不同的是，在编辑多边形子层级的卷展栏增加了"编辑多边形""多边形：材质 ID""多边形：平滑组""多边形：顶点颜色"卷展栏，如图 2-130 所示。

图 2-130

下面具体介绍各卷展栏的含义。

- "编辑多边形"卷展栏：该卷展栏包括多边形的元素和通用命令。
- "多边形：材质 ID"卷展栏：
- "多边形：平滑组"卷展栏：使用该卷展栏中的控件，可以向不同的平滑组分配选定的多边形，还可以按照平滑组选择多边形。要向一个或多个平滑组分配多边形，先选择所需的多边形，然后单击要向其分配的平滑组数。
- "多边形：顶点颜色"卷展栏：设置顶点的颜色、照明颜色和顶点透明度。

（5）"编辑多边形"卷展栏

"编辑多边形"卷展栏包含多边形的通用命令，利用该卷展栏中的控件可以对多边形进行编辑操作，如图 2-131 所示。下面具体介绍该卷展栏中各常用选项的含义。

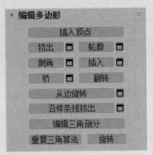

图 2-131

- 插入顶点：单击该按钮后，在任意面中单击鼠标左键即可插入顶点。
- 挤出：选择面后设置挤出高度挤出实体。
- 轮廓：设置多边形面轮廓大小。
- 倒角：设置倒角值，创建倒角面。
- 插入：选择面并设置插入组合数量，可以插入面。
- 桥：桥就是将两个不相关的图形连接在一起，单击"桥"按钮，然后选择需要进行桥命令的面，连接完成后会出现一条横线，也就是桥。
- 翻转：将选择的面进行翻转，选定多边形（或者元素）的法线方向，就可完成翻转。
- 从边旋转：根据设置的旋转角度和指定的旋转轴，进行旋转面操作。
- 沿样条线挤出：将绘制的二维样条线转换为可编辑多边形，然后单击该按钮，可以挤出样条线。

2.7　课堂练习——创建电视机柜模型

下面将结合以上所学知识创建电视柜模型，具体操作介绍如下。

01 视口切换为顶视图，在"几何体"命令面板中单击"切角长方体"按钮，设置长为 450mm、宽为 1820mm、高度为 48mm、圆角为 3mm，作为电视柜的桌面，如图 2-132 所示。

02 继续创建长为 450mm、宽为 40mm、高为 330mm、圆角为 3mm 的切角长方体，并移动到合适位置，并将其进行实例复制，如图 2-133 所示。

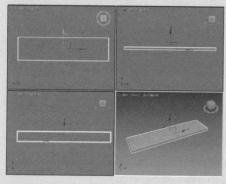

图 2-132

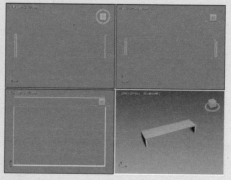

图 2-133

03 在"几何体"命令面板中单击"长方体"按钮，创建长为 440mm、宽为 350mm、高为 280mm 的长方体，并将其转化为可编辑多边形，如图 2-134 所示。

04 在"修改"面板中展开"可编辑多边形"卷展栏，在弹出的列表中选择"多边形"选项，如图 2-135 所示。

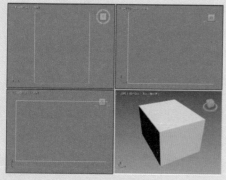

图 2-134

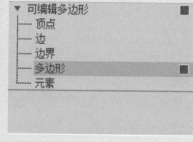

图 2-135

05 在"编辑多边形"卷展栏中单击"倒角"按钮，设置倒角轮廓为 -10，并选择需要倒角的面，如图 2-136 所示。

06 单击"确定"按钮，完成倒角设置，如图 2-137 所示。

07 将多边形移至合适位置，并对其进行复制操作，如图 2-138 所示。

08 继续创建长为 440mm、宽为 1120mm、高为 140mm 的长方体，并将其转化为可编辑多边形，如图 2-139 所示。

图 2-136　　　　　　　　　　　　　　　图 2-137

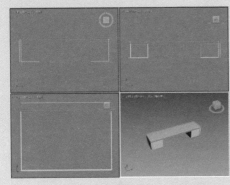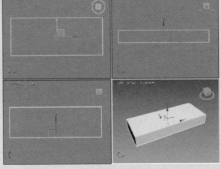

图 2-138　　　　　　　　　　　　　　　图 2-139

09 在堆栈栏中展开"可编辑多边形"卷展栏，在弹出的列表中选择"边"选项，在顶视图选择长方体的边，如图 2-140 所示。

10 在"编辑边"卷展栏中单击"连接"按钮，设置连接边分段，如图 2-141 所示。

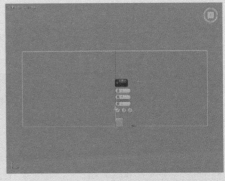

图 2-140　　　　　　　　　　　　　　　图 2-141

11 单击"确定"按钮，此时新建边，如图 2-142 所示。

12 切换为"多边形"选项，选择面，并设置倒角轮廓为 −10mm，如图 2-143 所示。

图 2-142

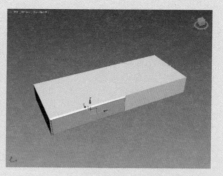

图 2-143

13 继续执行当前操作，将另一个面进行倒角，然后将设置的
图形移动到合适位置，如图 2-144 所示。

14 切换为前视图，在"图形"命令面板中单击"线"按钮，
绘制样条线，如图 2-145 所示。

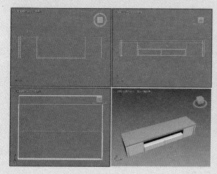

图 2-144

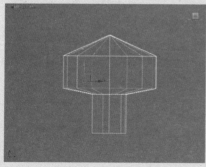

图 2-145

15 在"修改"选项卡中单击"修改器列表"列表框，在弹出
的列表中选择"车削"选项，车削样条线，创建电视柜把手，
如图 2-146 所示。

16 旋转把手模型，并将把手模型复制移动到合适位置，完成
电视柜模型的创建，如图 2-147 所示。

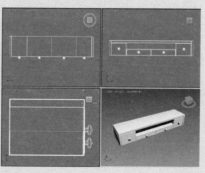

图 2-146

图 2-147

强化训练

通过本章的学习，读者对样条线、标准基本体、扩展基本体等知识有了一定的认识。为了使读者更好地掌握本章所学知识，在此列举几个针对本章知识的习题，以供读者练手。

（1）创建办公桌模型

利用"长方体""切角长方体"命令，创建办公桌模型，如图2-148、图2-149所示。

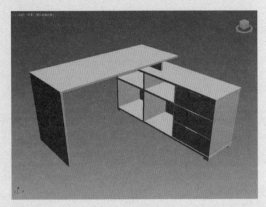

图 2-148

图 2-149

操作提示：

01 单击"长方体"按钮，创建办公桌主体模型。

02 单击"切角长方体"按钮，创建办公桌柜门模型，如图2-148所示。

03 赋予模型材质进行渲染，如图2-149所示。

（2）创建吧椅模型

下面利用样条线和常用修改器创建吧椅模型，效果如图 2-150、图 2-151 所示。

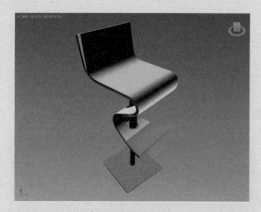

图 2-150

图 2-151

操作提示：

01 使用"线"命令在前视图绘制吧椅曲线。调整样条线之后，将其挤出厚度，然后添加壳。

02 使用圆柱体、长方体等标准基本体绘制底座和支柱。进行布尔运算为座椅制作出洞口，完成该模型的绘制，如图 2-150 所示。

03 为模型赋予材质并进行渲染，效果如图 2-151 所示。

CHAPTER 03

材质与贴图技术

本章概述 SUMMARY

材质用于描述对象如何反射或透射灯光的属性，并模拟真实纹理。通过设置材质，可以将三维模型的质地、颜色等效果与现实生活的物体质感相对应，达到逼真的效果。本章将对材质编辑器、设置材质贴图等内容进行介绍。

■ 学习目标

通过对本章内容的学习，能够让读者学会使用材质编辑器，熟悉材质的制作流程，充分认识材质与贴图的联系以及重要性。

■ 要点难点
- √ 材质编辑器
- √ 常用贴图类型
- √ 常用材质类型
- √ 常用 VRay 程序贴图类型

◎创建沙发材质效果

◎创建茶桌与茶具材质效果

3.1 材质基础知识

材质用于描述对象与光线的相互作用，在材质中，通常使用各种贴图来模拟纹理、反射、折射和其他特殊效果。本节中就将具体介绍有关材质的相关知识以及材质在实际操作中的运用、管理等。

■ 3.1.1 设计材质

在 3ds Max 2018 中，材质的具体特性都可以进行手动控制，如漫反射、高光、不透明度、反射/折射以及自发光等，并允许用户使用预置的程序贴图或外部的位图贴图来模拟材质表面纹理或制作特殊效果。

（1）材质的基本知识

材质用于描述对象如何反射或透射灯光，其属性也与灯光属性相辅相成，最主要的属性为漫反射颜色、高光颜色、不透明度和反射/折射。

（2）材质编辑器

材质的设计制作是通过材质编辑器来完成的。在材质编辑器中，用户可以为对象选择不同的着色类型和不同的材质组件，还能使用贴图来增强材质，并通过灯光和环境使材质产生更逼真自然的效果。

材质编辑器提供创建和编辑材质、贴图的所有功能，通过材质编辑器可以将材质应用到 3ds Max 的场景对象。

（3）材质的着色类型

材质的着色类型是指对象曲面响应灯光的方式，只有特定的材质类型才可以选择不同的着色类型。

（4）材质类型组件

每种材质都属于一种类型，默认类型为"标准"，其他的材质类型都有特殊的用途。

（5）贴图

使用贴图可以将图像、图案、颜色调整等其他特殊效果应用到材质的漫反射或高光等任意位置。

（6）灯光对材质的影响

灯光和材质组合在一起使用，才能使对象表面产生真实的效果，灯光对材质的影响因素主要包括灯光强度、入射角度和距离。

（7）环境颜色

在制作材质时，只有当选择的颜色和其他属性看起来如同真实世界中的对象时，材质才能给场景增加更大的真实感，特别是在不同的灯光环境下。

■ 3.1.2 材质编辑器

材质编辑器是一个独立的窗口，通过材质编辑器可以将材质赋予 3ds Max 的场景对象。材质编辑器可以通过单击主工具栏中的按钮或"渲染"菜单中的命令打开，如图 3-1 所示为材质编辑器。

（1）示例窗

使用示例窗可以预览材质和贴图，每个窗口可以预览单个材质或贴图。将材质从示例窗拖动到视口中的对象，可以将材质赋予场景对象。

示例窗中样本材质的状态主要有 3 种，其中，实心三角形表示已应用于场景对象且该对象被选中，空心三角形则表示应用于场景对象但对象未被选中，无三角形表示未被应用的材质，如图 3-2 所示。

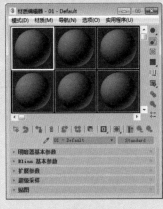
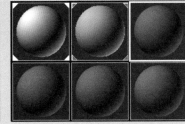

图 3-1   图 3-2

（2）工具

位于材质编辑器示例窗右侧和下方的是用于管理和更改贴图及材质的按钮和其他控件。其中，位于右侧的工具主要用于对示例窗中的样本材质球进行控制，如显示背景或检查颜色等。位于下方的工具主要用于材质与场景对象的交互，如将材质指定给对象、显示贴图应用等。

（3）参数卷展栏

在示例窗的下方是材质参数卷展栏，不同的材质类型具有不同的参数卷展栏，如图 3-3 所示。在各种贴图层级中，也会出现相应的卷展栏，这些卷展栏可以调整顺序。

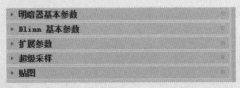

图 3-3

■ 3.1.3 材质的管理

材质的管理主要通过材质/贴图浏览器示例窗实现，可进行制作副本、存入库、按类别浏览等操作。如图 3-4 所示为"材质/贴图浏览器"示例窗。

下面对各选项的含义进行介绍。

- 文本框：在文本框中可输入文本，便于快速查找材质或贴图。
- 示例窗：选择一个材质类型或贴图时，示例窗中显示该材质或贴图的原始效果。
- 浏览自：该选项组提供的选项用于选择材质/贴图列表中显示的材质来源。
- 显示：可以过滤列表中的显示内容，如不显示材质或不显示贴图。
- 工具栏：第一部分按钮用于控制查看列表的方式，第二部分按钮用于控制材质库。
- 列表：在列表中将显示 3ds Max 预置的场景或库中的所有材质或贴图，并允许显示材质层级关系。

> **知识拓展**
>
> "材质/贴图浏览器"的示例窗无法显示"光线跟踪"或"位图"等需要环境或外部文件才有效果的材质或贴图。

图 3-4

3.2 常用材质类型

3ds Max 2018 中提供了 11 种材质类型，每一种材质都具有相应的功能，如默认的标准材质可以表现大多数真实世界中的材质，如表现金属和玻璃的"光线跟踪"材质等，本节将对材质类型的相关知识进行详细介绍。

■ 3.2.1 标准材质

标准材质是最常用的材质类型，可以模拟表面单一的颜色，为表面建模提供非常直观的方式。使用标准材质时，可以选择各种明暗器，为各种反射表面设置颜色以及使用贴图通道等，这些设置都可以在卷展栏中进行，如图 3-5 所示。

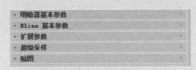

图 3-5

（1）明暗器

明暗器主要用于标准材质，可以选择不同的着色类型，以影响材质的显示方式，在"明暗器基本参数"卷展栏中可进行相关设置，下面对各选项的含义进行介绍。

- 各向异性：可以产生带有非圆、具有方向的高光曲面，适用于制作头发、玻璃或金属等材质。
- Blinn：与 Phong 明暗器具有相同的功能，但它在数学上更精确，是标准材质的默认明暗器。
- 金属：有光泽的金属效果。
- 多层：通过层级两个各向异性高光，创建比各向异性更复杂的高光效果。
- Phong：与 Blinn 类似，能产生带有发光效果的平滑曲面，但不处理高光。
- 半透明：类似于 Blinn 明暗器，还可以用于指定半透明度，光线将在穿过材质时散射，可以使用半透明来模拟被霜覆盖的和被侵蚀的玻璃。

（2）颜色

在真实世界中，对象的表面通常反射许多颜色，标准材质也使用 4 色模型来模拟这种现象，主要包括环境色、漫反射、高光颜色和过滤颜色。下面将对各选项的含义进行介绍。

- 环境光：环境光颜色是对象在阴影中的颜色。
- 漫反射：漫反射是对象在直接光照条件下的颜色。
- 高光：高光是发亮部分的颜色。
- 过滤：过滤是光线透过对象所透射的颜色。

（3）扩展参数

在"扩展参数"卷展栏中提供了透明度和反射相关的参数，通过该卷展栏可以制作更具有真实效果的透明材质，如图 3-6 所示。下面对各选项的含义进行介绍。

- 高级透明：该选项组中提供的控件影响透明材质的不透明度衰减等效果。
- 反射暗淡：该选项组提供的参数可使阴影中的反射贴图显得

暗淡。

- 线框：该选项组中的参数用于控制线框的单位和大小。

图 3-6

（4）贴图通道

在"贴图"卷展栏中，可以访问材质的各个组件，部分组件还能使用贴图代替原有的颜色，如图 3-7 所示。

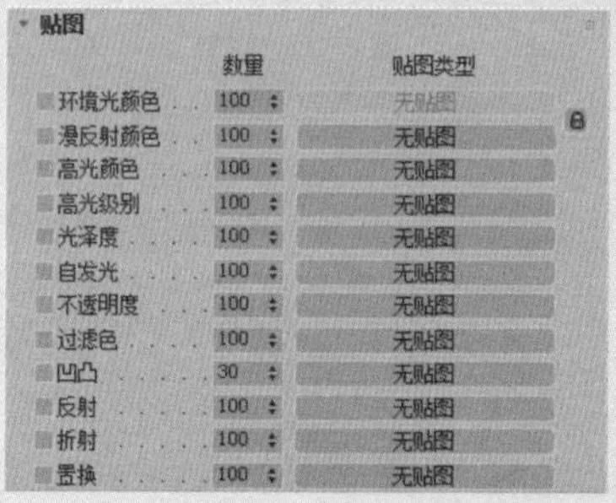

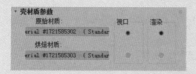

图 3-7

（5）其他

"标准"材质还可以通过高光控件组控制表面接受高光的强度和范围，也可以通过其他选项组制作特殊的效果，如线框等。

■ 3.2.2　壳材质

壳材质经常用于纹理烘焙，其参数卷展栏如图 3-8 所示。下面对各选项的含义进行介绍。

- 原始材质：显示原始材质的名称。单击该按钮，可查看材质并调整设置。
- 烘焙材质：显示烘焙材质的名称。
- 视口：使用该选项，可以选择在明暗处理视口中出现的材质。
- 渲染：使用该选项，可以选择在渲染中出现的材质。

图 3-8

■ 3.2.3　多维/子对象材质

多维/子对象材质是将多个材质组合到一个材质当中，将物体设置不同的 ID 材质后，使材质根据对应的 ID 号赋予到指定物体区域上。该材质常被用于包含许多贴图的复杂物体上，如图 3-9 所示为多维/子材质效果。在使用多维/子对象后，参数卷展栏如图 3-10 所示。

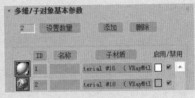

图 3-9　　　　　　　　　　　　　　　　图 3-10

下面对各选项的含义进行介绍。

- 设置数量：用于设置子材质的参数，单击该按钮，即可打开"设置材质数量"对话框，在其中可以设置材质数量。
- 添加：单击该按钮，在子材质下方将默认添加一个标准材质。
- 删除：删除子材质。单击该按钮，将从下向上逐一删除子材质。

■ 3.2.4　VRayMtl

VRayMtl 是最常用的一个材质，是专门配合 VRay 渲染器使用的材质，因此当使用 VRay 渲染器时，使用这个材质会比 3ds Max 标准材质（Standard）在渲染速度和细节质量上高很多。其次，它们有一个重要的区别，就是 3ds Max 的标准材质（Standard）可以制作假高光（即没有反射现象而只有高光，但是这种现象在真实世界是不可能实现的），而 VRay 的高光则是和反射的强度息息相关的，在使用 VRay 渲染器时，配合 VRay 的材质（VRayMtl 材质或其他 VRay 材质）可以产生更加真实的效果，如图 3-11 所示。而在使用 3ds Max 的标准材质（Standard）时这种效果是无法产生的，如图 3-12 所示。

图 3-11　　　　　　　　　　　　　　　　图 3-12

其参数卷展栏如图 3-13 所示，下面对各选项的含义进行介绍。

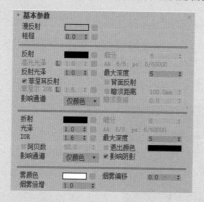

图 3-13

- 漫反射：是物体的固有色，可以是某种颜色也可以是某张贴图，贴图优先。

- 反射：可以用颜色控制反射，也可以用贴图控制，但都基于黑—灰—白，黑色代表没有反射，白色代表完全反射，灰色代表不同程度的反射。

- 高光光泽：高光并不是光，而是物体表面最亮的部分；高光也不是必须具备的一个属性，通常只会在表面比较光滑的物体上出现，值越高，高光越明显。

- 反射光泽：当"高光光泽"未被激活时，"反射光泽"就会自动承担起高光的作用，如果想消除高光，就激活"高光光泽"，并且设置值为 1，这样高光就消失了。

- 菲涅尔反射：加入菲涅尔是为了增强反射物体的细节变化。

- 细分：提高该值，能有效降低反射时画面出现的噪点。

- 折射：可以由右侧的色条决定，黑色为不透明，白色为全透明；也可由贴图决定，贴图优先。

- 折射率：折射的程度。

- 烟雾色：透明玻璃的颜色，非常敏感，改动一点就能产生很大变化。

- 烟雾倍增：控制"烟雾色"的强弱程度，值越低，颜色越浅。

- 烟雾偏移：用来控制雾化偏移程度，一般默认即可。

- 光泽：控制折射表面光滑程度，值越高，表面越光滑；值越低，表面越粗糙。减低"光泽"的值可以模拟磨砂玻璃效果。

- 影响阴影：勾选该复选框，阴影会随烟雾颜色而改变，使透明物体阴影更加真实。

■ 3.2.5　VR 覆盖材质

VRay 覆盖材质可以让用户更加广泛地控制场景的色彩融合、反射和折射等。主要包括 5 个材质通道，分别是"基本材质""GI 材质""反射材质""折射材质"和"阴影材质"，参数卷展栏如图 3-14 所示。下面对各选项的含义进行介绍。

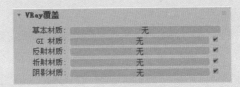

图 3-14

- 基本材质：该材质是物体的基本材质。
- GI 材质：该材质是物体的全局光材质，当使用这个参数的时候，灯光的反弹将依照该材质的灰度来进行控制，而不是基本材质。
- 反射材质：物体的反射材质，即在反射里看到的物体材质。
- 折射材质：物体的折射材质，即在折射里看到的物体材质。
- 阴影材质：基本材质的阴影。若使用该参数中的材质来进行控制，基本材质的阴影将无效。

■ 3.2.6 VR 灯光材质

灯光材质是一种自发光的材质，通过设置不同的倍增值可以在场景中产生不同的明暗效果。可以用来做自发光的物件，比如灯带、电视机屏幕、灯箱等，如图 3-15 所示。其参数卷展栏如图 3-16 所示。下面对各选项的含义进行介绍。

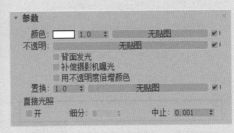

图 3-15   图 3-16

- 颜色：用于设置自发光材质的颜色，如有贴图，则以贴图的颜色为准，此值无效。
- 倍增：用于设置自发光材质的亮度，相当于灯光的倍增器。
- 背面发光：用于设置材质是否两面都产生自发光。
- 不透明：用于指定贴图作为自发光。

小试身手——为酒杯模型创建材质

下面将结合以上所学知识，为酒杯模型创建材质，具体操作介绍如下：

01 打开素材文件，如图 3-17 所示。

02 按 M 键打开材质编辑器，选择一个未使用的材质球，并将其转换为 VRayMtl 材质，设置"漫反射"颜色为 100,100,100、"反射"颜色为 60,60,60、"折射"颜色为 255,255,255，"反射光泽"为 0.95，"细分"值为 15，并取消勾选"菲涅耳反射"复选框，如图 3-18 所示。

图 3-17

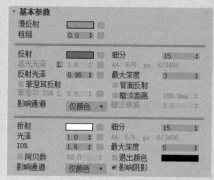

图 3-18

03 在 BRDF 卷展栏中设置选项为 Blinn，如图 3-19 所示。

04 在"选项"卷展栏中设置"中止"值为 0.01，取消勾选"光泽菲涅耳"和"雾系统单位比例"复选框，如图 3-20 所示。

图 3-19

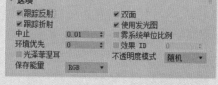

图 3-20

05 创建好的酒杯材质效果如图 3-21 所示。

06 将创建好的材质球赋予模型进行渲染，效果如图 3-22 所示。

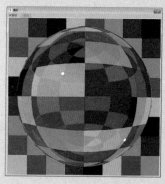

图 3-21

图 3-22

3.3 常用贴图类型

在 3ds Max 中包括 40 种贴图，根据使用方法、效果等分为 2D 贴图、3D 贴图、合成器、颜色修改器、其他等 5 大类。贴图可以模拟纹理、反射、折射及其他特殊效果，可以在不增加材质复杂度的前提下为材质添加细节，有效改善材质的外观和真实感。

■ 3.3.1 2D 贴图

2D 贴图是二维图像，一般将其粘贴在几何体对象的表面，或者和环境贴图一样用于创建场景的背景。3ds Max 提供的 2D 贴图主要包括位图、棋盘格、渐变等多种类型，下面将对常见类型进行介绍。

（1）位图

位图贴图就是将位图图像文件作为贴图使用，它可以支持各种类型的图像和动画格式，包括 AVI、BMP、CIN、JPG、TIF、TGA 等。位图贴图的使用范围广泛，通常用在漫反射贴图通道、凹凸贴图通道、反射贴图通道、折射贴图通道中。如图 3-23 所示为位图贴图的材质效果，如图 3-24 所示为位图贴图卷展栏。

图 3-23   图 3-24

下面对各选项的含义进行介绍。

- 过滤："过滤"选项组用于选择抗锯齿位图中平均使用的像素方法。
- 裁剪/放置：该选项组中的控件可以裁剪位图或减小其尺寸，用于自定义放置。
- 单通道输出：该选项组中的控件用于根据输入的位图确定输出单色通道的源。
- Alpha 来源：该选项组中的控件根据输入的位图确定输出 Alpha 通道的来源。

（2）棋盘格

棋盘格贴图可以产生类似棋盘的、由两种颜色组成的方格图案，并允许贴图替换颜色，如图 3-25 所示为棋盘格效果，如图 3-26 所示为 棋盘格参数卷展栏。

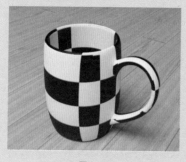

图 3-25

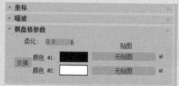

图 3-26

下面对各选项的含义进行介绍。

- 柔化：模糊方格之间的边缘，很小的柔化值就能生成很明显的模糊效果。
- 交换：单击该按钮，可交换方格的颜色。
- 颜色：用于设置方格的颜色，允许使用贴图代替颜色。

（3）渐变

渐变贴图是指从一种颜色到另一种颜色进行着色，可以创建 3 种颜色的线性或径向渐变效果，如图 3-27 所示为渐变贴图效果，其参数卷展栏如图 3-28 所示。

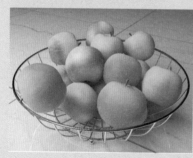

图 3-27

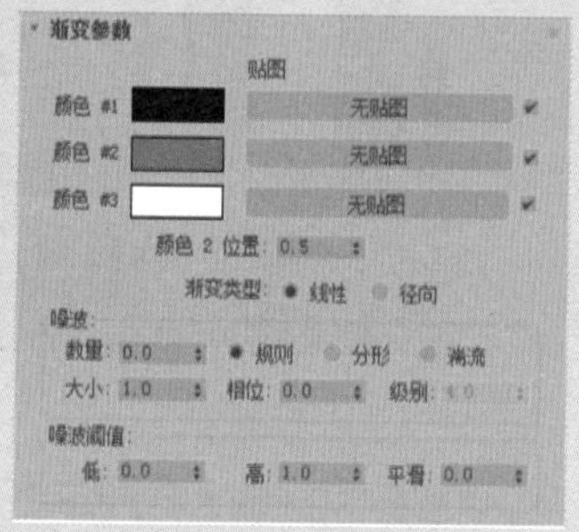

图 3-28

（4）旋涡

旋涡贴图可以创建两种颜色或贴图的旋涡图案，其参数卷展栏如图 3-29 所示。旋涡贴图生成的图案类似于两种冰淇淋的外观。如同其他双色贴图一样，任何一种颜色都可用其他贴图替换，因此大理石与木材也可以生成旋涡。

（5）平铺

平铺贴图是专门用来制作砖块效果的，常用在漫反射通道中，有时也可以用在凹凸贴图通道中。如图 3-30 所示为平铺贴图效果。

知识拓展

通过将一个色样托顶到另一个色样上可以交换颜色，单击“复制或交换颜色”对话框中的“交换”按钮完成操作。若需要反转渐变的总体方向，则可交换第一种和第三种颜色。

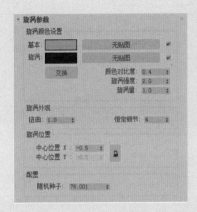

图 3-29

默认状态下平铺贴图的水平间距与垂直间距是锁定在一起的，用户可以根据需要解开锁定来单独对它们进行设置。

在"标准控制"卷展栏中的"预设类型"列表中列出了一些已定义的建筑砖图案，用户也可以自定义图案，设置砖块的颜色、尺寸以及砖缝的颜色、尺寸等，其参数卷展栏如图 3-31 所示。

图 3-30   图 3-31

■ 3.3.2   3D 贴图

3D 贴图是根据程序以三维方式生成的图案，三维贴图具有连续性的特点，并且不会产生接缝效果。在 3ds Max 中有细胞、衰减、噪波等十多种 3D 贴图类型。此外，3ds Max 还支持安装插件提供更多的贴图。

（1）细胞

细胞贴图可生成用于各种视觉效果的细胞图案，包括马赛克瓷砖、鹅卵石表面甚至海洋表面。需要说明的是，在材质编辑器示例窗中不能很清楚地展现细胞效果，将贴图指定给几何体并渲染场景后会得到想要的效果。其参数卷展栏如图 3-32 所示。下面对各选项的含义进行介绍。

图 3-32

- 细胞特性：其参数用来设置细胞的一些特性属性。
- 细胞颜色：其参数用来设置细胞的颜色。其中，单击色块可以为细胞选择一种颜色；利用"变化"选项则可以通过随机改变RGB值来更改细胞的颜色。
- 阈值：其参数用来控制细胞和分界的相对大小。其中，"低"表示调整细胞的大小，默认值为0.0；"中"表示相对于第二分界颜色，调整最初分界颜色的大小；"高"表示调整分界的总体大小。
- 分界颜色：设置细胞间的分界颜色。

（2）衰减

衰减贴图可以模拟对象表面由深到浅或者由浅到深的过渡效果，如图3-33所示。在创建不透明的衰减效果时，衰减贴图提供了更大的灵活性。参数卷展栏如图3-34所示。

图 3-33

图 3-34

下面对常用选项的含义进行介绍。

- 前：侧：用来设置衰减贴图的前通道和侧通道参数。
- 衰减类型：设置衰减的方式，共有垂直/平行、朝向/背离、Fresnel、阴影/灯光、距离混合5个选项。
- 衰减方向：设置衰减的方向。

知识拓展

"细胞特性"选项组中的"粗糙度"用来控制凹凸的粗糙程度。"粗糙度"为0时，每次迭代均为上一次迭代强度的一半，大小也为上一次的一半。随着"粗糙度"的增加，每次迭代的强度和大小都更加接近上一次迭代。当"粗糙度"为最大值1.0时，每次迭代的强度和大小均与上一次迭代相同。

知识拓展

衰减类型包括朝向/背离、垂直/平行、Fresnel、阴影/灯光、距离混合。其中Fresnel类型是基于折射率来调整贴图的衰减效果的，它在面向视图的曲面上产生暗淡反射，在有角的面上产生较为明亮的反射，创建就像在玻璃面上一样的高光。

（3）噪波

噪波贴图一般在凹凸通道中使用，用户可以通过设置"噪波参数"卷展栏来制作出紊乱不平的表面，如图 3-35 所示。"噪波"贴图基于两种颜色或材质的交互创建曲面的随机扰动，是三维形式的湍流图案，其参数卷展栏如图 3-36 所示。

图 3-35 图 3-36

下面对各选项的含义进行介绍。

- 噪波类型：共有 3 种类型，分别是"规则""分形"和"湍流"。
- 大小：以 3ds Max 单位设置噪波函数的比例。
- 噪波阈值：控制噪波的效果。
- 交换：切换两个颜色或贴图的位置。
- 颜色 #1/ 颜色 #2：从这两个噪波颜色中选择，通过所选的两种颜色来生成中间颜色值。

（4）泼溅

泼溅贴图可生成类似于泼墨画的分形图案，对于漫反射贴图创建类似泼溅的图案效果。其参数卷展栏如图 3-37 所示。下面将对各选项的含义进行介绍。

- 大小：调整泼溅的大小。
- 迭代次数：计算分形函数的次数。数值越大，次数越多，泼溅越详细，计算时间也会越长。
- 阈值：设置与颜色 #2 混合的颜色 #1 的位置。
- 颜色 #1 和颜色 #2：表示背景和泼溅的颜色。
- 贴图：为颜色 #1 和颜色 #2 添加位图或程序贴图以覆盖颜色。

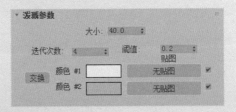

图 3-37

（5）烟雾

烟雾贴图是生成无序、基于分形的湍流图案，其主要用于设置
动画的不透明贴图，以模拟一束光线中的烟雾效果或其他云状流动
贴图效果。其参数卷展栏如图 3-38 所示。下面对各选项的含义进行
介绍。

图 3-38

- 大小：更改烟雾团的比例。
- 迭代次数：用于控制烟雾的质量，参数越高烟雾效果就越精细。
- 相位：转移烟雾图案中的湍流。
- 指数：使代表烟雾的颜色 #2 更加清晰、更加缭绕。
- 颜色 #1 和颜色 #2：表示效果的无烟雾和烟雾部分。

3.3.3　合成器贴图

合成器贴图类型专用于合成其他颜色或贴图，是指将两个或多个
图像叠加以将其组合。3ds Max 2018 共提供了 4 种该类型的 3D 程序
贴图。

（1）合成

合成程序贴图可以合成多个贴图，这些贴图使用 Alpha 通道彼此
覆盖。与混合程序贴图不同，对于混合的量没有明显的控制。需要指
出的是，视口可以在合成贴图中显示多个贴图。对于多个贴图的显示，
显示驱动程序必须是 OpenGL 或者 Direct3D。

（2）遮罩

使用遮罩程序贴图，可以在曲面上通过一种材质查看另一种材质，
将遮罩控制应用到曲面的第二个贴图的位置。遮罩贴图的卷展栏如
图 3-39 所示。

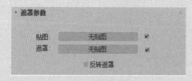

图 3-39

（3）混合

混合程序贴图可混合两种颜色或两种贴图，将两种颜色或材质合

成在曲面的一侧，可以使用指定混合级别调整混合的量。

混合贴图的卷展栏如图 3-40 所示。添加混合贴图的效果如图 3-41 所示。

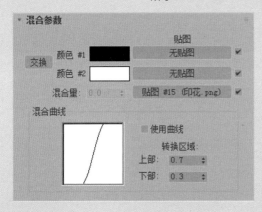

图 3-40   图 3-41

（4）RGB 倍增

使用 RGB 倍增程序贴图可以通过 RGB 和 Alpha 值组合两个贴图，通常用于凹凸贴图。

■ 3.3.4　颜色修改器贴图

使用颜色修改器程序贴图，可以改变材质中像素的颜色，3ds Max 2018 共提供了 4 种该类型程序贴图。

（1）颜色修正

颜色修正贴图是 3ds Max 2018 中新增的贴图类型，提供了一组工具，可基于堆栈的方法修改校正颜色，具有对比度、亮度等色彩基本信息的调整功能。

（2）输出

输出程序贴图可将位图输出功能应用到没有这些设置的参数贴图中。

（3）RGB 染色

RGB 染色程序贴图可调整图像中 3 种颜色通道的值，3 种色样代表 3 种通道，更改色样可以调整其相关颜色通道的值。

（4）顶点颜色

顶点颜色程序贴图可渲染对象的顶点颜色，可以使用顶点绘制修改器、指定顶点颜色工具指定顶点颜色，也可以使用可编辑网格顶点控件、可编辑多边形顶点控件或者可编辑多边形顶点控件指定顶点颜色。

■ 3.3.5 其他贴图

其他类型贴图包括常用的多种反射、折射类贴图和每像素摄影机贴图、法线凹凸等程序贴图。

（1）平面镜

平面镜贴图可应用于共面集合时生成反射环境对象的材质，通常应用于材质的反射贴图通道。

（2）光线跟踪

光线跟踪贴图可以提供全部光线跟踪反射和折射效果。光线跟踪对渲染 3ds Max 场景进行优化，并且可以通过将特定对象或效果排除于光线跟踪之外进一步优化场景。

（3）反射/折射

反射/折射贴图可生成反射或折射表面。要创建反射效果，将该贴图指定到反射通道。要创建折射效果，将该贴图指定到折射通道。

（4）薄壁折射

薄壁折射贴图可模拟缓进或偏移效果，得到如同透过玻璃看到的图像。该贴图的速度更快，占用内存更少，并且提供的视觉效果要优于反射/折射贴图。

（5）每像素摄影机

每像素摄影机贴图可以从特定的摄影机方向投射贴图，通常使用图像编辑应用程序调整渲染效果，然后将这个调整过的图像用作投射回 3D 几何体的虚拟对象。

（6）法线凹凸

法线凹凸贴图可以指定给材质的凹凸组件、位移组件或两者，使用位移的贴图可以更正看上去平滑失真的边缘，并会增加几何体的面。

小试身手——为沙发模型创建材质

下面将结合以上所学知识，为沙发模型创建材质，具体操作介绍如下。

01 打开素材文件，如图 3-42 所示。

02 按 M 键打开材质编辑器，选择一个未使用的材质球，并将其转换为 VRayMtl 材质，为"漫反射"通道添加衰减贴图，并设置"细分"值，如图 3-43 所示。

03 在"衰减参数"卷展栏中，为颜色 1 通道添加位图贴图，并设置衰减类型，如图 3-44 所示。

04 为颜色 1 通道所添加的位图贴图，如图 3-45 所示。

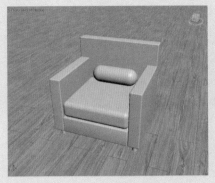

图 3-42

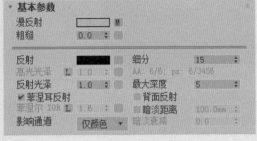

图 3-43

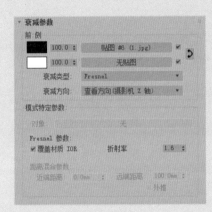

图 3-44

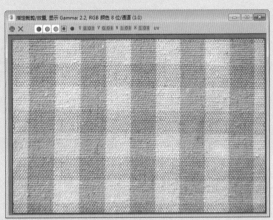

图 3-45

05 在"贴图"卷展栏中，为"凹凸"通道添加位图贴图，如图 3-46 所示。

06 为"凹凸"通道所添加的位图贴图，如图 3-47 所示。

07 创建好的沙发材质球效果如图 3-48 所示。

08 将创建好的材质赋予模型进行渲染，效果如图 3-49 所示。

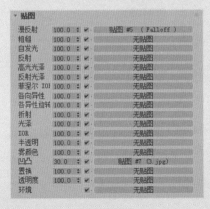

图 3-46

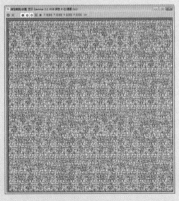

图 3-47

图 3-48

图 3-49

3.4　常用 VRay 程序贴图类型

　　VRay 渲染器不仅有专用的材质，也有专用的贴图，包括 VRay 贴图、VRayHDRI、VR 边纹理、VR 合成纹理、VR 灰尘、VR 天光、VR 位图过滤器以及 VR 颜色等，这里我们仅介绍几种常用的 VR 贴图类型。

■ 3.4.1　VRay 天空贴图

　　VRay 天空贴图可以模拟浅蓝色渐变的天空效果，并且可以控制亮度，其参数卷展栏如图 3-50 所示。下面对常用选项的含义进行介绍。

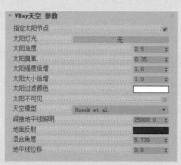
图 3-50

- 指定太阳节点：当不勾选该复选框时，VRay 天空的参数将从场景中的 VR 太阳的参数里自动匹配；勾选该复选框时，用户可以从场景中选择不同的光源，这种情况下，VR 太阳将不再控制 VR 天空的效果，VRay 天空将用自身的参数来改变天光效果。
- 太阳灯光：单击该按钮，选择太阳光源。
- 太阳浊度：该参数控制太阳的浑浊度。
- 太阳臭氧：该参数控制臭氧层的厚度。
- 太阳强度倍增：该参数控制太阳亮度。

- 太阳大小倍增：该参数控制太阳阴影柔和度。
- 太阳过滤颜色：该参数控制太阳颜色。
- 太阳不可见：该参数控制太阳本身是否可见。
- 天空模型：在列表中选择天空模型类型。
- 间接地平线照明：该参数间接控制水平照明的强度。

■ 3.4.2 VRayHDRI 贴图

HDRI 是 High Dynamic Range Image（高动态范围贴图）的简写，它是一种特殊的图形文件格式，它的每一个像素除了含有普通的 RGB 信息以外，还包含有该点的实际亮度信息，所以它在作为环境贴图的同时，还能照亮场景，为真实再现场景所处的环境奠定了基础。

其参数卷展栏如图 3-51 所示，下面对各选项的含义进行介绍。

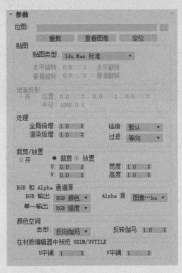

图 3-51

- 位图：单击"浏览"按钮选取贴图的路径。
- 水平旋转：控制贴图的水平方向上的旋转。
- 水平翻转：将贴图沿着水平方向旋转。
- 垂直旋转：控制贴图沿着垂直方向旋转。
- 垂直翻转：将贴图沿着垂直方向翻转。
- 贴图类型：选择贴图的坐标方式。
- 反转伽马：设置 HDR 贴图的伽玛值。

■ 3.4.3 VR 边纹理贴图

这个贴图类型可以使对象产生类似于 Max 默认线框材质的效果，效果如图 3-52 所示，其参数卷展栏如图 3-53 所示。下面对各选项的含义进行介绍。

- 颜色：设置线框的颜色。
- 隐藏边：开启该选项后，可以渲染隐藏的边。
- 世界宽度：使用世界单位设置线框的宽度。
- 像素宽度：使用像素单位设置线框的宽度。

图 3-52　　　　　　　　　　　　　　　图 3-53

3.5　课堂练习——为茶桌与茶具组合模型创建材质

本小节将为茶桌与茶具组合模型创建材质，在制作过程中需要调整"漫反射""位图贴图"等参数，表现出更加真实、生动的材质效果。下面对具体操作方法进行介绍。

01 打开素材文件，如图 3-54 所示。

02 创建茶桌材质。按 M 键打开材质编辑器，选择一个未使用的材质球，并将其转换为 VRayMtl 材质，设置"漫反射"颜色为 255,255,255，设置"反射"颜色为 20,20,20，设置"高光光泽"为 0.85，设置"反射光泽"为 0.8，取消勾选"菲涅耳反射"复选框，并设置"细分"值为 15，如图 3-55 所示。

图 3-54　　　　　　　　　　　　　　　图 3-55

03 在"贴图"卷展栏中，为"漫反射"和"凹凸"通道添加相同的位图贴图，如图 3-56 所示。

04 为"漫反射"和"凹凸"通道所添加的位图贴图如图 3-57 所示。

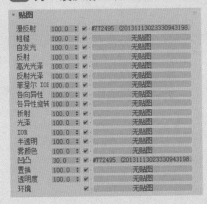

图 3-56   图 3-57

05 在 BRDF 卷展栏中设置选项为 Blinn，如图 3-58 所示。

06 创建好的茶桌材质球效果，如图 3-59 所示。

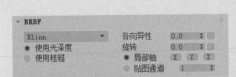

图 3-58   图 3-59

07 创建茶壶材质。选择一个未使用的材质球，并将其转换为 VRayMtl 材质，设置"漫反射"颜色为 255,255,255，"反射"颜色为 5,5,5，设置"反射光泽"为 0.9，"细分"值为 15，取消勾选"菲涅耳反射"复选框，如图 3-60 所示。

08 为漫反射通道添加混合贴图，如图 3-61 所示。

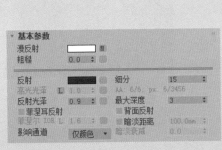
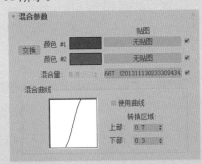

图 3-60   图 3-61

09 设置颜色 1 的颜色参数，如图 3-62 所示。

10 设置颜色 2 的颜色参数，如图 3-63 所示。

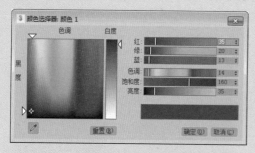
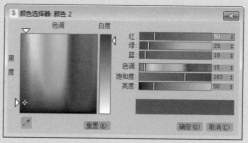

图 3-62

图 3-63

11 为混合量通道添加位图贴图，如图 3-64 所示。

12 在"选项"卷展栏中设置"中止"值为 0.01，取消勾选"光泽菲涅耳"和"雾系统单位比例"复选框，如图 3-65 所示。

图 3-64

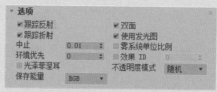

图 3-65

13 在 BRDF 卷展栏中设置选项为 Blinn，如图 3-66 所示。

14 创建好的茶壶材质球效果如图 3-67 所示。

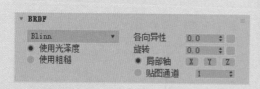

图 3-66

图 3-67

15 创建茶杯材质。选择一个未使用的材质球，并将其转换为 VRayMtl 材质，设置"漫反射"和"反射"颜色为 255,255,255，设置"高光光泽"为 0.8，"细分"值为 15，如图 3-68 所示。

16 在"选项"卷展栏中设置"中止"值为 0.01，取消勾选"光泽菲涅耳"和"雾系统单位比例"复选框，如图 3-69 所示。

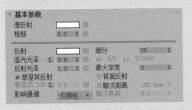

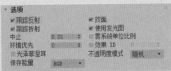

图 3-68   图 3-69

17 在 BRDF 卷展栏中设置选项为 Blinn，如图 3-70 所示。

18 创建好的茶杯材质球效果如图 3-71 所示。

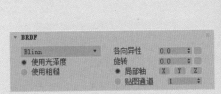

图 3-70   图 3-71

19 将创建好的材质赋予模型进行渲染，效果如图 3-72 所示。

图 3-72

强化训练

通过本章的学习，读者对材质的基本知识、材质与贴图类型等知识有了一定的认识。为了使读者更好地掌握本章所学知识，在此列举几个针对本章知识的习题，以供读者练手。

（1）为茶几创建材质

下面利用 VRayMtl 材质，为茶几模型创建材质，如图 3-73、图 3-74 所示。

操作提示：

01 打开材质编辑器，设置材质类型为 VRayMtl，设置"漫反射"颜色为255,255,255，"反射"颜色为37,37,37，并取消勾选"菲涅耳反射"复选框，完成茶几玻璃材质的创建。

02 选择新材质球，设置材质类型为 VRayMtl，设置漫反射和反射等相关参数，如图 3-73 所示。

03 将创建好的材质赋予模型进行渲染，效果如图 3-74 所示。

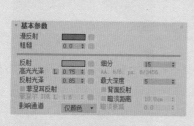

图 3-73

图 3-74

（2）为抱枕模型创建材质

下面利用多维/子对象材质为抱枕模型创建材质，效果如图 3-75、图 3-76 所示。

操作提示：

01 打开材质编辑器，设置材质类型为 VRayMtl，为漫反射添加贴图，并设置其他参数，如图 3-75 所示。

02 在"贴图"卷展栏中，设置凹凸值，并为其通道添加位图贴图。

03 将设置好的材质赋予模型并进行渲染，如图 3-6 所示。

图 3-75

图 3-76

CHAPTER 04

灯光技术

本章概述 SUMMARY

灯光是 3ds Max 中模拟自然光照最重要的手段，没有光便无法
体现物体的形状、质感以及颜色等。但是，复杂的灯光设置、
多变的运用效果，却让许多新手极为困扰。为此，本章将对 3ds
Max 中的灯光知识进行全面讲解。

■ 学习目标
通过对本章内容的学习，能够让读者对灯光知识有全面的了解，
创建出更真实的场景灯光。

■ 要点难点
- √ 灯光种类
- √ 灯光的强度、颜色 / 衰减
- √ VRay 灯光
- √ VRay 太阳

◎目标平行光效果

◎目标聚光灯效果

4.1 灯光种类

灯光可以模拟现实生活中的光线效果。在 3ds Max 中提供了标准和光度学两种灯光类型，每个灯光的使用方法不同，模拟光源的效果也不同。

■ 4.1.1 标准灯光

标准灯光是 3ds Max 软件自带的灯光，它包括目标聚光灯、自由聚光灯、目标平行光、自由平行光、泛光、天光 6 种材质，下面具体介绍常用灯光的应用范围。

（1）聚光灯

聚光灯包括目标聚光灯和自由聚光灯两种，它们的共同点都是带有光束的光源，但目标聚光灯有目标对象，而自由聚光灯没有目标对象。如图 4-1 所示为灯光光束效果。目标聚光灯和自由聚光灯的照明效果相似，都是形成光束照射在物体上，只是使用方式上不同。如图 7-2 所示为目标聚光灯照明效果。

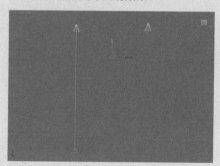
图 4-1

图 4-2

> **知识拓展**
>
> 目标聚光灯会根据指定的目标点和光源点创建灯光，在创建灯光后会产生光束，照射物体并产生阴影效果，当有物体遮挡住光束时，光束将被折断。
>
> 自由聚光灯没有目标点，选择该按钮后，在任意视图单击鼠标左键即可创建灯光。该灯光常在制作动画时使用。

（2）平行光

平行光包括目标平行光和自由平行光两种，平行光的光束分为圆柱体和方形光束。它的发光点和照射点大小相同，该灯光主要用于模拟太阳光的照射、激光光束等。自由平行光和目标平行光的用处相同，常在制作动画时使用。图 4-3 所示为目标平行光效果。

（3）泛光灯

泛光灯可以照亮整个场景，是非常常用的灯光，在场景中创建多个泛光灯，调整色调和位置，可使场景具有明暗层次。图 4-4 所示为泛光灯照射效果。

图 4-3 　　　　　　　　　　　　　　　图 4-4

■ 4.1.2　光度学灯光

光度学灯光和标准灯光的创建方法基本相同，在参数卷展栏中可以设置灯光的类型，并导入外部灯光文件模拟真实灯光效果。光度学灯光包括目标灯光、自由灯光和太阳定位器 3 种灯光效果，下面具体介绍各灯光的应用。

（1）目标灯光

3ds Max 2018 将光度学灯光进行整合，将所有的目标光度学灯光合为一个对象，可以在该对象的卷展栏中选择不同的模板和类型。如图 4-5 所示为所有类型的目标灯光。如图 4-6 所示为目标灯光照射效果。

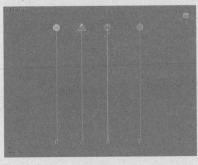

图 4-5 　　　　　　　　　　　　　　图 4-6

（2）自由灯光

自由灯光是没有目标点的灯光，它的参数和目标灯光相同，创建方法也非常简单，在任意视图单击鼠标左键，即可创建自由灯光，如图 4-7 所示。

（3）太阳定位器

太阳定位器是 3ds Max 2018 版本增加的一个灯光类型。通过设置太阳的距离、日期和时间、气候等参数模拟现实生活中真实的太阳光照。如图 4-8 所示为太阳定位器类型。

图 4-7

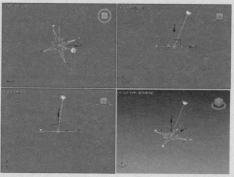

图 4-8

4.2 灯光的基本参数

在创建灯光后，环境中的部分物体会随着灯光而进行显示，在参数卷展栏中调整灯光的各项参数，即可达到理想效果。

■ 4.2.1 灯光的强度/颜色/衰减

在标准灯光的"强度/颜色/衰减"卷展栏中，可以对灯光的基本属性进行设置，如图 4-9 所示为参数卷展栏。下面对"强度/颜色/衰减"卷展栏中常用选项的含义进行介绍。

- 倍增：该参数可以将灯光功率放大一个正或负的量。
- 颜色：单击色块，可以设置灯光发射光线的颜色。
- 衰退：该选项组提供了使远处灯光强度减小的方法，包括倒数和平方反比两种方法。
- 近距衰减：该选择项组中提供了控制灯光强度淡入的参数。
- 远距衰减：该选择项组中提供了控制灯光强度淡出的参数。

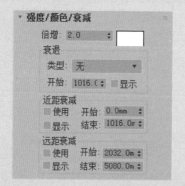

图 4-9

> **知识拓展**
>
> 灯光衰减时，距离灯光较近的对象表面可能过亮，距离灯光较远的对象表面可能过暗。这种情况可通过不同的曝光方式解决。

■ 4.2.2 光度学灯光的分布方式

光度学灯光提供了 4 种不同的分布方式，用于描述光源发射光线方向。在"常规参数"卷展栏中可以选择不同的分布方式，如图 4-10 所示。

（1）统一球形

统一球形可以在各个方向上均等地分布光线，如图 4-11 所示为等向分布的原理。

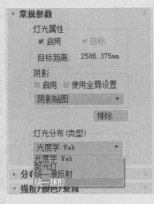 

图 4-10　　　　　　　　　　　　　图 4-11

（2）统一漫反射

统一漫反射分布从曲面发射光线，以正确的角度保持曲面上的灯光强度最大。倾斜角越大，发射灯光的强度越弱，如图 4-12 所示为漫反射分布的原理。

（3）聚光灯

聚光灯分布像闪光灯一样投影聚焦的光束，就像在剧院舞台或桅灯下的聚光区。灯光的光束角度控制光束的主强度，区域角度控制光在主光束之外的"散落"，如图 4-13 所示为聚光灯分布的原理。

图 4-12　　　　　　　　　　　　　图 4-13

（4）光度学 Web

光度学 Web 分布是以 3D 的形式表示灯光的强度，通过该方式可以调用光域网文件，产生异性的灯光强度分布效果，如图 4-14 所示为该模式原理。

当选择"光度学 Web"分布方式时，在相应的卷展栏中可以选择光域网文件并预览灯光的强度分布图，如图 4-15 所示。

图 4-14

图 4-15

■ 4.2.3 光度学灯光的形状

光度学灯光不仅可以设置灯光的分布方式，还可以设置发射光线的形状。目标和自由灯光这两种灯光类型可以切换光线形状，确定灯光为选择状态，在"图形 / 区域阴影"卷展栏中可以设置灯光形状，其中包括点光源、线、矩形、圆形、球体和圆柱体等 6 个选项。

（1）点光源

点光源是光度学灯光中默认的灯光形状，使用点光源时，灯光与泛光灯照射方法相同，对整体环境进行照明。

（2）线

使用线灯光形状时，光线会从线处向外发射光线，这种灯光类似于真实世界中的荧光灯管效果。在视图中创建目标灯光后，确定灯光为选中状态，打开"修改"选项卡，拖动页面至"图形 / 区域阴影"卷展栏，选择"线"选项，如图 4-16 所示。此时视图中灯光会发生更改，如图 4-17 所示。

图 4-16

图 4-17

（3）矩形

矩形灯光形状是从矩形区域向外发射光线。设置形状为矩形后，下方会出现"长度"和"宽度"选项，在其中可以设置矩形的长和宽，如图 4-18 所示。设置完成后，视图灯光形状如图 4-19 所示。

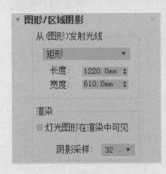 

图 4-18   图 4-19

（4）圆形

设置圆形灯光形状后，灯光会从圆形向外发射光线，在"从（图形）发射光线"选项组中可以设置圆形形状的半径大小。圆形灯光形状如图 4-20 所示。

（5）球体

和其他灯光形状相同，灯光会从球体的表面向外发射光线，在卷展栏中可以设置球体的半径大小，设置完成后灯光会更改为球状，如图 4-21 所示。

图 4-20   图 4-21

（6）圆柱体

设置该灯光形状后，灯光会从圆柱体表面向外发射光线，在卷展栏中可以设置圆柱体的长度和半径，如图 4-22 所示，设置完成后，视图中灯光形状如图 4-23 所示。

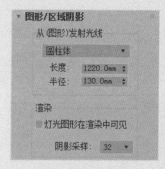

图 4-22   图 4-23

■ 4.2.4　阴影参数

　　所有标准灯光类型都具有相同的阴影参数设置，通过设置阴影参数，可以使对象投影产生密度不同或颜色不同的阴影效果。阴影参数直接在"阴影参数"卷展栏中进行设置，如图 4-24 所示。下面将具体介绍选项的含义。

图 4-24

- 颜色：单击色块，可以设置灯光投射的阴影颜色，默认为黑色。
- 密度：控制阴影密度，值越小阴影越淡。
- 贴图：使用贴图可以应用各种程序贴图与阴影颜色进行混合，产生更复杂的阴影效果。
- 大气阴影：应用该选项组中的参数，可以使场景中的大气效果也产生投影，并能控制投影的不透明度和颜色数量。

4.3　阴影类型

　　标准灯光、光度学灯光中所有类型的灯光，除了可以在"参数"卷展栏中对灯光进行开关设置外，还可以选择不同形式的阴影方式。

■ 4.3.1　阴影贴图

　　阴影贴图是最常用的阴影生成方式，它能产生柔和的阴影，并且渲染速度快。不足之处是会占用大量的内存，并且不支持使用透明度或不透明度贴图的对象。

使用阴影贴图，灯光参数面板中会出现"阴影贴图参数"卷展栏，如图 4-25 所示。

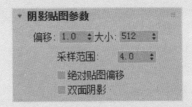

图 4-25

下面对卷展栏中各选项的含义进行介绍。

- 偏移：位图偏移面向或背离阴影投射对象移动阴影。
- 大小：设置用于计算灯光的阴影贴图大小。
- 采样范围：采样范围决定阴影内平均有多少区域，影响柔和阴影边缘的程度。范围为 0.01 ～ 50.0。
- 绝对贴图偏移：勾选该复选框，阴影贴图偏移未标准化，以绝对方式计算阴影贴图偏移量。
- 双面阴影：勾选该复选框，计算阴影时背面将不被忽略。

■ 4.3.2　区域阴影

所有类型的灯光都可以使用"区域阴影"参数。创建区域阴影，需要设置区域阴影的虚拟灯光的尺寸。

使用"区域阴影"后，会出现相应的参数卷展栏，在卷展栏中可以选择产生阴影的灯光类型并设置阴影参数，如图 4-26 所示。

图 4-26

下面对卷展栏中各选项的含义介绍如下。

- 基本选项：在该选项组中可以选择生成区域阴影的方式，包括简单、矩形灯、圆形灯、长方体形灯、球形灯等多种方式。
- 阴影完整性：设置在初始光束投射中的光线数。
- 阴影质量：用于设置在半影（柔化区域）区域中投射的光线总数。
- 采样扩散：用于设置模糊抗锯齿边缘的半径。
- 阴影偏移：用于控制阴影和物体之间的偏移距离。
- 抖动量：用于向光线位置添加随机性。
- 区域灯光尺寸：该选项组提供尺寸参数来计算区域阴影，该组参数并不影响实际的灯光对象。

■ 4.3.3　光线跟踪阴影

使用"光线跟踪阴影"功能可以支持透明度和不透明度贴图，产生清晰的阴影，但该阴影类型渲染计算速度较慢，不支持柔和的阴影效果。

选择"光线跟踪阴影"选项后，参数面板中会出现相应的卷展栏，如图 4-27 所示。其中，各选项的含义介绍如下。

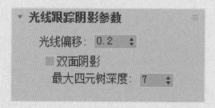

图 4-27

- 光线偏移：该参数设置光线跟踪偏移面向或背离阴影投射对象移动阴影的多少。
- 双面阴影：勾选该复选框，计算阴影时其背面将不被忽略。
- 最大四元树深度：该参数可调整四元树的深度。增大四元树深度值可以缩短光线跟踪时间，但却要占用大量的内存空间。四元树是一种用于计算光线跟踪阴影的数据结构。

■ 4.3.4　VRay 阴影

安装 VRay 渲染器插件以后，不仅增加了 VRay 自己的灯光，而且还增加了一个阴影类型，即 VRayShadows。如果使用 VRay 渲染器，通常都会采用 VRayShadows，它有很多的优点，比如支持模糊（或面积）阴影，也可以正确表现来自 VRay 的置换物体或者透明物体的阴影。

VRay 阴影参数卷展栏如图 4-28 所示。其中，常用选项的含义介绍如下。

图 4-28

- 偏移：控制阴影向左或向右的移动，偏移值越大，越影响到阴影的真实性，通常情况下，不修改该值。
- 区域阴影：控制是否作为区域阴影类型。
- 盒：当 VRay 计算阴影时，将其视作方体状的光源投射。
- 细分：设置在某个特定点计算面积阴影效果时使用的样本数量，较高的取值将产生平滑的效果，但是会耗费更多的渲染时间。
- U 大小：当 VRay 计算面积阴影时，表示 VRay 获得的光源的 U 向的尺寸（光源为球状，则相应地表示球的半径）。
- V 大小：当 VRay 计算面积阴影时，表示 VRay 获得的光源 V 的尺寸（如果光源为球状，则没有效果）。
- W 大小：当 VRay 计算面积阴影时，表示 VRay 获得的光源 W 的尺寸（如果光源为球状，则没有效果）。
- 球体：当 VRay 计算阴影时，将其视作球状的光源投射。

小试身手——为卧室场景创建太阳光

下面将结合以上所学知识为卧室场景创建太阳光源，具体操作介绍如下。

01 打开素材文件，如图 4-29 所示。

02 在标准面板中单击"目标平行光"按钮，创建目标平行光光源，如图 4-30 所示。

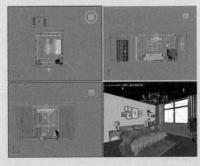

图 4-29

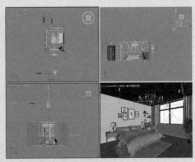

图 4-30

03 在"常规参数"卷展栏中启用阴影，并设置阴影类型为"阴影贴图"，如图 4-31 所示。

04 在"强度/颜色 / 衰减"卷展栏中，设置"倍增"值为 1.5，并设置灯光颜色，如图 4-32 所示。

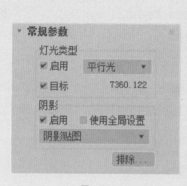

图 4-31   图 4-32

05 设置好的灯光颜色参数，如图 4-33 所示。

06 在"平行光参数"卷展栏中，设置光锥和衰减区参数，如图 4-34 所示。

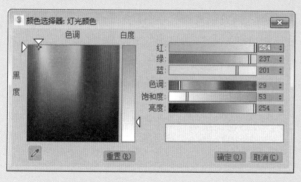

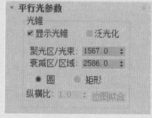

图 4-33   图 4-34

07 创建好的太阳光源，如图 4-35 所示。

08 渲染场景，效果如图 4-36 所示。

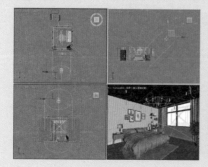

图 4-35   图 4-36

4.4 VRay 光源系统

VRay 灯光在安装了 VRay 渲染器以后才可以使用该灯光类型。VRay 灯光区别于标准灯光，其操作更为简单、效果更加逼真，常用于效果图的制作，可以模拟出逼真的灯光效果。本节将对 VRay 灯光系统进行详细介绍。

4.4.1 VRay 灯光

VRay 灯光是 VRay 渲染器自带的灯光之一，它的使用频率比较高。如图 4-37 所示为在场景模型中创建 VRay 灯光，如图 4-38 所示为 VRay 灯光渲染效果。

图 4-37　　　　　　　　　　　　　图 4-38

在 VRay 灯光创建命令面板中单击"VR 灯光"按钮，即可进入参数卷展栏，如图 4-39 所示。下面对常用选项的含义进行介绍。

- 类型：VRay 提供平面、穹顶、球体、网格体 4 种灯光类型供用户选择。
- 倍增器：设置灯光颜色的倍增值。
- 颜色：设置灯光的颜色。
- 半长、半高：灯光长度和高度的一半。
- 双面：用来控制灯光的双面都产生照明效果（当灯光类型为片光时有效，其他灯光类型无效。

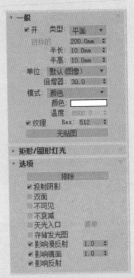

图 4-39

- 不可见：这个参数设置在最后的渲染效果中 VRay 的光源形状是否可见，如果不勾选，光源将会使用当前灯光颜色来渲染，否则是不可见的。
- 不衰减：在真实世界中，光线亮度会按照与光源的距离的平方的倒数的方式进行衰减。
- 天光入口：勾选该选项，前面设置的颜色和倍增值都将被 VRay 忽略，代之以环境的相关参数设置。
- 存储发光图：当勾选该选项时，如果计算 GI 的方式使用的是发光贴图方式，系统将会计算 VRay 灯光的光照效果，并将计算结果保存在发光贴图中。

■ 4.4.2 VRay 太阳

VRay 太阳要用来模拟室外的太阳光照明，如图 4-40 所示。在渲染室外建筑效果图时，在 VRay 里太阳光就像日常生活里灯光一样，也有影子、反射。VRay 太阳参数卷展栏如图 4-41 所示。

图 4-40

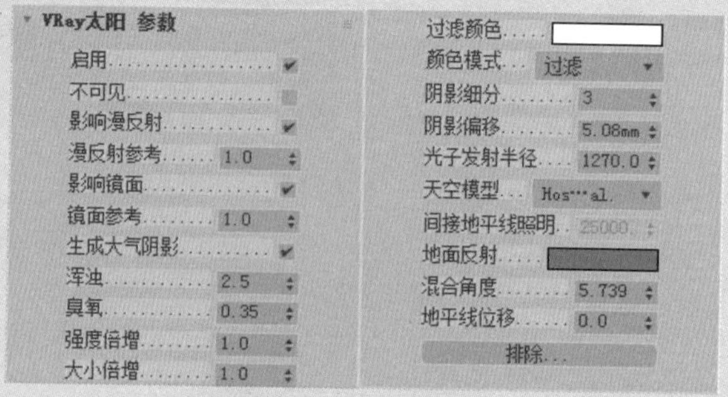

图 4-41

下面对常用选项的含义进行介绍。

- 浑浊：主要控制大气的浑浊度，光线穿过浑浊的空气时，空气中的悬浮颗粒会使光线发生衍射。浑浊度越高，表示大气中的悬浮颗粒越多，光线的传播就会减弱。
- 臭氧：模拟大气中的臭氧成分，它可以控制光线到达地面的数量，值越小表示臭氧越少，光线到达地面的数量越多。
- 强度倍增：可以控制太阳光的强度，数值越大表示阳光越强烈。
- 大小倍增：主要用来控制太阳的大小，这个参数会对物体的阴影产生影响，较小的取值可以得到比较锐利的阴影效果。
- 阴影细分：主要用来控制阴影的采样质量，较小的取值会得到噪点比较多的阴影效果，数值越高阴影质量越好，但是会增加渲染的时间。

- 阴影偏移：主要用来控制对象和阴影之间的距离，值为 1 时表示不产生偏移，大于 1 时远离对象，小于 1 时接近对象。
- 光子发射半径：和"光子贴图"计算引擎有关。

■ 4.4.3 VRayIES

VRayIES 是一个 V 形射线光源的特定插件，效果如图 4-42 所示。它的灯光特性类似于光度学灯光，可以加载 IES 灯光，能使光的分布更加逼真，常用来模拟现实灯光的均匀分布。"VRayIES 参数"卷展栏如图 4-43 所示。

图 4-42

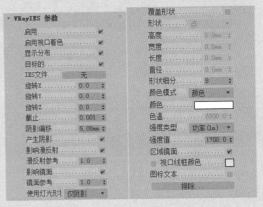

图 4-43

下面对常用选项的含义进行介绍。

- 启用视口着色：控制空气的清澈程度。可以设置 0 ~ 20 的值，代表清晨到傍晚时候的太阳，10 代表正午的太阳。
- 截止：控制灯光影响的结束值，当灯光由于衰减亮度低于设定的数字时，灯光效果将被忽略。
- 阴影偏移：控制物体与阴影的偏移距离，值越大，阴影越偏向光源。
- 产生阴影：用来控制灯光是否产生阴影投射效果。
- 使用灯光形状：用来控制阴影效果的处理，使阴影边缘虚化或者清晰。
- 形状细分：控制灯光及投影的效果品质。
- 颜色：设置灯光的颜色。
- 强度值：调整灯光的强度。

4.5 课堂练习——为卫浴场景创建光源

本小节将为卫浴场景创建光源，在制作过程中需要用目标平行光来模拟太阳光源，下面将具体操作方法进行介绍。

01 打开素材文件，如图 4-44 所示。

02 创建灯带光源。单击"VRay 灯光"按钮，在顶视图创建平面灯光，放在吊顶的暗槽内，并将其进行旋转，如图 4-45 所示。

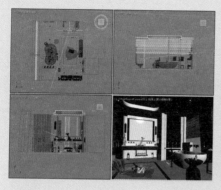
图 4-44

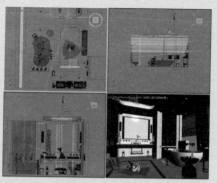
图 4-45

03 在"一般"卷展栏中设置"倍增器"值和"颜色"参数，如图 4-46 所示。

04 设置的灯光颜色参数如图 4-47 所示。

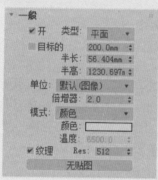
图 4-46

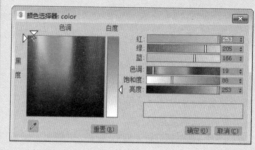
图 4-47

05 在"选项"卷展栏中勾选"不可见"复选框，取消勾选"影响镜面"和"影响反射"复选框，如图 4-48 所示。

06 在"采样"卷展栏中设置"细分"值为 20，如图 4-49 所示。

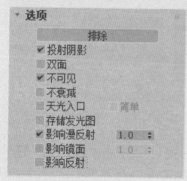
图 4-48

图 4-49

07 将创建好的平面光源进行旋转复制，并调整"半长""半高"的数值，如图 4-50 所示。

08 创建镜前灯。复制创建好的 VRay 平面灯光，如图 4-51 所示。

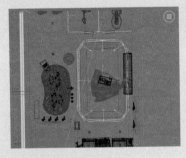 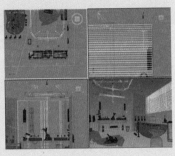

图 4-50 图 4-51

09 在"一般"卷展栏中设置镜前灯的"半长""半高"值，如图 4-52 所示。

10 设置镜前灯的颜色参数，如图 4-53 所示。

 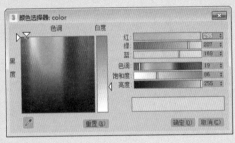

图 4-52 图 4-53

11 创建射灯光源。单击"目标"灯光按钮，在左视图创建目标灯光光源，如图 4-54 所示。

12 在"常规参数"卷展栏中，启用阴影，设置阴影类型，并设置"灯光分布（类型）"为"光度学 Web"，如图 4-55 所示。

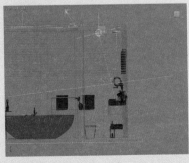 

图 4-54 图 4-55

13 在"分布（光度学）"卷展栏中，单击"选择光度学文件"按钮，打开"打开光域 Web 文件"对话框，选择光域网文件，如图 4-56 所示。

⑭ 单击"打开"按钮，加载光域网文件，在"强度/颜色/衰减"
卷展栏中设置过滤颜色和"强度"值，如图 4-57 所示。

图 4-56

图 4-57

⑮ 设置的过滤颜色参数，如图 4-58 所示。

⑯ 将创建好的射灯光源进行复制，如图 4-59 所示。

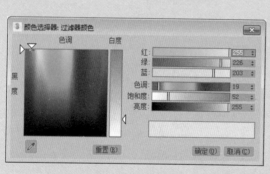

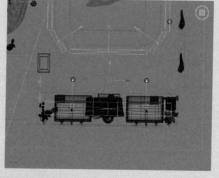

图 4-58

图 4-59

⑰ 创建补光光源。在左视图中单击"VRay 灯光"按钮，创建
平面光源，放在窗户外侧，如图 4-60 所示。

⑱ 在"一般"卷展栏中设置"半长""半高""倍增器"值
和颜色参数，如图 4-61 所示。

⑲ 设置的补光颜色参数，如图 4-62 所示。

⑳ 在"选项"卷展栏中勾选"不可见"复选框，取消勾选"影
响镜面"和"影响反射"复选框，如图 4-63 所示。

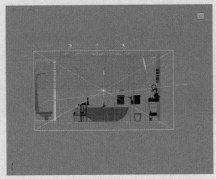

图 4-60   图 4-61

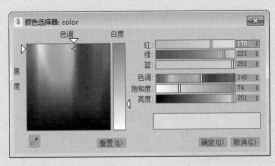

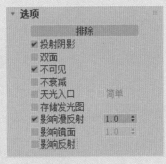

图 4-62   图 4-63

㉑ 在"采样"卷展栏中设置"细分"值为 20，如图 4-64 所示。

㉒ 在前视图中将创建好的补光光源向内进行复制，在"一般"卷展栏中设置"半长""半高""倍增器"值，其余参数保持不变，如图 4-65 所示。

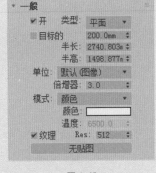

图 4-64   图 4-65

㉓ 创建太阳光光源。单击"目标聚光灯"按钮，创建太阳光光源，并调整其位置，如图 4-66 所示。

㉔ 在"常规参数"卷展栏中启用阴影，并设置阴影类型，如图 4-67 所示。

㉕ 在"强度/颜色/衰减"卷展栏中设置"倍增"值和灯光颜色，如图 4-68 所示。

㉖ 设置的太阳光的颜色参数，如图 4-69 所示。

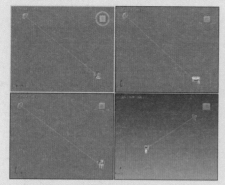

图 4-66

图 4-67

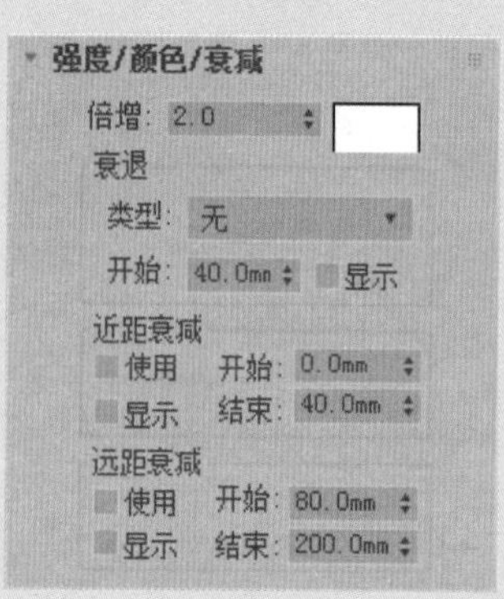

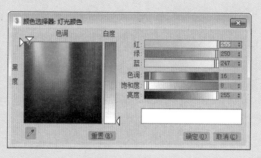

图 4-68

图 4-69

27 在 VRay 阴影参数卷展栏中设置"U 大小"值为 600.0mm，如图 4-70 所示。

28 渲染场景，效果如图 4-71 所示。

图 4-70

图 4-71

强化训练

通过本章的学习，读者对灯光种类、灯光的基本参数、阴影类型等知识有了一定的认识。为了使读者更好地掌握本章所学知识，在此列举几个针对本章知识的习题，以供读者练手。

（1）为台灯创建光源

下面利用"VRay灯光"为台灯创建光源，如图4-72、图4-73所示。

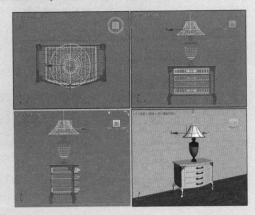

图 4-72

图 4-73

操作提示：

01 创建VRay球体灯光，如图4-72所示，并设置半径、倍增、颜色等参数。

02 渲染场景，效果如图4-73所示。

（2）为书房场景创建太阳光源

下面利用"VRay 太阳光"为书房场景创建太阳光源，如图 4-74、图 4-75 所示。

图 4-74   图 4-75

操作提示：

01 单击"VR 太阳"按钮，创建 VRay 太阳光，放在合适位置，并设置相关参数，如图 4-74 所示。

02 渲染后的效果，如图 4-75 所示。

CHAPTER 05

摄影机技术

本章概述 SUMMARY

3ds Max 中的摄影机与现实世界中的摄影机十分相似。摄影机的位置、摄影角度、焦距等都可以调整，这样不仅方便观看场景中各部分的细节，还可以利用摄影机的移动创建浏览动画。另外，使用摄影机还可以制作一些特殊效果，如景深、运动模糊等。

■ 学习目标
通过对本章内容的学习，能够让读者掌握摄影机的操作，根据需要模拟真实世界中的静止图像、运动图像或视频。

■ 要点难点
- √ 摄影机的操作
- √ 物理摄影机
- √ 目标摄影机
- √ VRay 摄影机

◎渲染目标摄影机效果

◎景深效果

5.1 摄影机知识

灯光可以模拟现实生活中的光线效果。在 3ds Max 中提供了标准和光度学 2 种灯光类型，每个灯光的使用方法不同，模拟光源的效果也不同。

■ 5.1.1 认识摄影机

真实世界中的摄影机是使用镜头将环境反射的灯光聚焦到具有灯光敏感性曲面的焦点平面，3ds Max 中摄影机相关的参数主要包括焦距和视野。

（1）焦距

焦距是指镜头和灯光敏感性曲面的焦点平面间的距离。焦距影响成像对象在图片上的清晰度。焦距越小，图片中包含的场景越多。焦距越大，图片中包含的场景越少，但会显示远距离成像对象的更多细节。

（2）视野

视野控制摄影机可见场景的数量，以水平线度数进行测量。视野与镜头的焦距直接相关，例如 35mm 的镜头显示水平线约为 54°，焦距越大则视野越窄，焦距越小则视野越宽。

■ 5.1.2 摄影机的操作

在 3ds Max 中，可以通过多种方法创建摄影机，并能够使用移动和旋转工具对摄影机进行移动和定向操作，同时可应用备用的各种镜头参数来控制摄影机的观察范围和效果。

（1）摄影机的创建与变换

对摄影机进行移动操作时，通常针对目标摄影机，可以对摄影机和摄影机目标点分别进行移动。由于目标摄影机被约束指向其目标，无法沿着其自身的 X 轴和 Y 轴进行旋转，所以旋转操作主要针对自由摄影机。

（2）摄影机常用参数

摄影机的常用参数主要包括镜头的选择、视野的设置、大气范围和裁剪范围的控制等多个参数。

5.2 标准摄影机

摄影机可以从特定的观察点来表现场景，模拟真实世界中的静止图像、运动图像或视频，并能够制作某些特殊的效果，如景深和运动模糊等。3ds Max 2018 提供了三种摄影机类型，包括物理摄影机、目标摄影机和自由摄影机三种，下面对其相关知识进行介绍。

■ 5.2.1　物理摄影机

物理摄影机可模拟用户熟悉的真实摄影机设置，例如快门速度、光圈、景深和曝光。它借助增强的控件和额外的视口内反馈，让创建逼真的图像和动画变得更加容易。如图 5-1 所示为模型中创建的物理摄影机。

（1）基本参数

"基本"卷展栏如图 5-2 所示，下面对各参数的含义进行介绍。

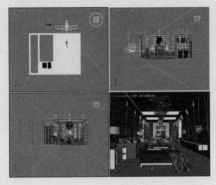

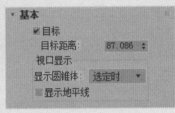

图 5-1　　　　　　　　　　　　图 5-2

- 目标：启用该选项后，摄影机包括目标对象，并与目标摄影机的行为相似。
- 目标距离：设置目标与焦平面之间的距离，会影响聚焦、景深等。
- 显示圆锥体：在显示摄影机圆锥体时选择"选定时""始终"或"从不"。
- 显示地平线：启用该选项后，地平线在摄影机视口中显示为水平线（假设摄影机帧包括地平线）。

（2）物理摄影机参数

"物理摄影机"卷展栏如图 5-3 所示，下面对常用参数的含义进行介绍。

- 预设值：选择胶片模型或电荷耦合传感器。选项包括 35mm（全画幅）胶片（默认设置），以及多种行业标准传统设置。每个设置都有其默认宽度值。"自定义"选项用于选择任意宽度。
- 宽度：可以手动调整帧的宽度。
- 焦距：设置镜头的焦距，默认值为 40mm。
- 指定视野：启用该选项时，可以设置新的视野值。默认的视野值取决于所选的胶片 / 传感器预设值。

- 缩放：在不更改摄影机位置的情况下缩放镜头。
- 光圈：将光圈设置为光圈数，或 "F 制光圈"。此值将影响曝光和景深。光圈值越低，光圈越大并且景深越窄。
- 镜头呼吸：通过将镜头向焦距方向移动或远离焦距方向来调整视野。镜头呼吸值为 0.0 表示禁用此效果。默认值为 1.0。
- 启用景深：启用该选项时，摄影机在不等于焦距的距离上生成模糊效果。景深效果的强度基于光圈设置。
- 类型：选择测量快门速度使用的单位，其中帧（默认设置）通常用于计算机图形；分或分秒通常用于静态摄影；度通常用于电影摄影。
- 偏移：启用该选项时，指定相对于每帧的开始时间的快门打开时间，更改此值会影响运动模糊。
- 启用运动模糊：启用该选项后，摄影机可以生成运动模糊效果。

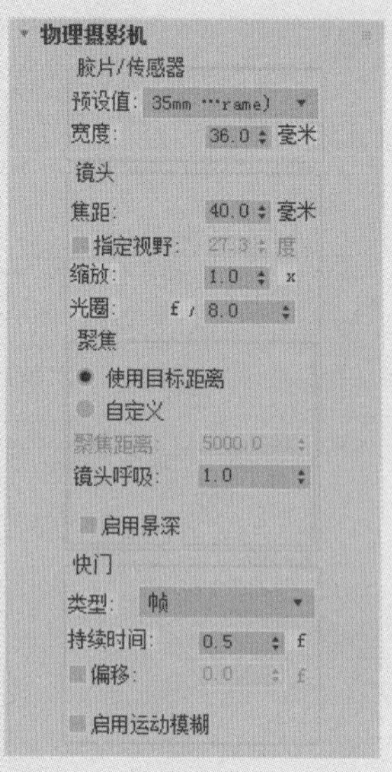

图 5-3

（3）曝光参数

"曝光" 卷展栏如图 5-4 所示，下面对各参数的含义进行介绍。

- 曝光控制已安装：单击以使物理摄影机曝光控制处于活动状态。
- 手动：通过 ISO 值设置曝光增益。当此选项处于活动状态时，通过此值、快门速度和光圈设置计算曝光。该数值越高，曝光时间越长。
- 目标：设置与三个摄影曝光值的组合相对应的单个曝光值。每次增加或降低 EV 值，对应的也会分别减少或增加有效的曝光，因此，值越高，生成的图像越暗，值越低，生成的图像越亮。默认设置为 5.0。
- 光源：按照标准光源设置色彩平衡。
- 温度：以色温形式设置色彩平衡，以开尔文度表示。
- 启用渐晕：启用时，渲染模拟出现在胶片平面边缘的变暗效果。

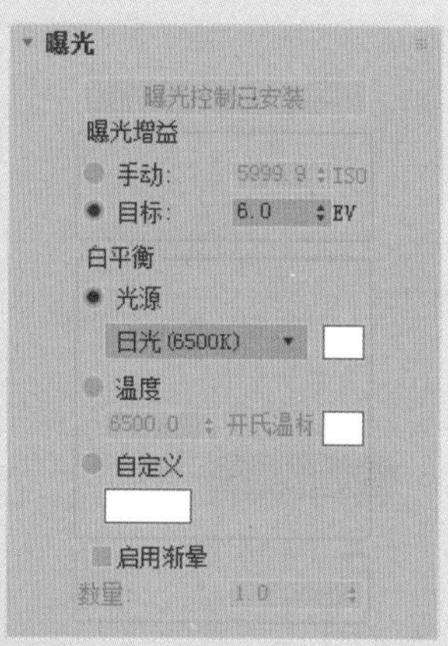

图 5-4

（4）散景（景深）参数

"散景（景深）" 卷展栏如图 5-5 所示，下面对各参数的含义进行介绍。

- 圆形：散景效果基于圆形光圈。
- 叶片式：散景效果使用带有边的光圈。使用 "叶片" 值设置每个模糊圈的边数，使用 "旋转" 值设置每个模糊圈旋转的角度。
- 自定义纹理：使用贴图来用图案替换每种模糊圈。
- 中心偏移（光环效果）：使光圈透明度向中心（负值）或边（正值）偏移。正值会增加焦区域的模糊量，而负值会减小模糊量。

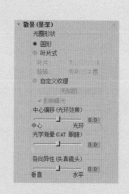

图 5-5

- 光学渐晕（CAT 眼睛）：通过模拟猫眼效果使帧呈现渐晕效果。

■ 5.2.2 目标摄影机

目标摄影机用于观察目标点附近的场景内容，它由摄影机、目标点两部分组成，可以很容易地单独进行控制调整，并分别设置动画。如图 5-6 所示为模型中创建的目标摄影机。

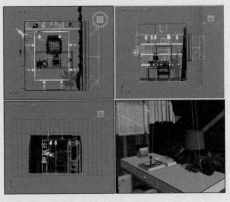

图 5-6

（1）常用参数

摄影机的常用参数主要包括镜头的选择、视野的设置、大气范围和裁剪范围的控制等多个参数，如图 5-7、图 5-8 所示为相应的参数卷展栏。

图 5-7

图 5-8

下面对常用选项的含义进行介绍。

- 镜头：以毫米为单位设置摄影机的焦距。
- 视野：用于决定摄影机查看区域的宽度，可以通过水平、垂直或对角线这 3 种方式测量应用。
- 备用镜头：该选项组用于选择各种常用预置镜头。
- 显示：显示出在摄影机锥形光线内的矩形。

- 近距范围／远距范围：设置大气效果的近距范围和远距范围。
- 手动剪切：启用该选项，可以定义剪切的平面。
- 近距剪切／远距剪切：设置近距和远距平面。
- 目标距离：当使用目标摄影机时，设置摄影机与其目标之间的距离。

（2）景深参数

景深是多重过滤效果，通过模糊到摄影机焦点某距离处帧的区域，使图像焦点之外的区域产生模糊效果。

景深的启用和控制，主要在摄影机参数面板的"多过程效果"选项组和"景深参数"卷展栏中进行设置，如图5-9所示。下面对各参数的含义进行介绍。

- 使用目标距离：启用该选项后，系统会将摄影机的目标距离用作每个过程偏移摄影机的点。
- 焦点深度：当关闭"使用目标距离"选项，该选项可以用来设置摄影机的偏移深度。
- 显示过程：启用该选项后，"渲染帧窗口"对话框中将显示多个渲染通道。
- 使用初始位置：启用该选项后，第一个渲染过程将位于摄影机的初始位置。
- 过程总数：设置生成景深效果的过程数。增大该值可以提高效果的真实度，但是会增加渲染时间。
- 采样半径：设置模糊半径。数值越大，模糊越明显。

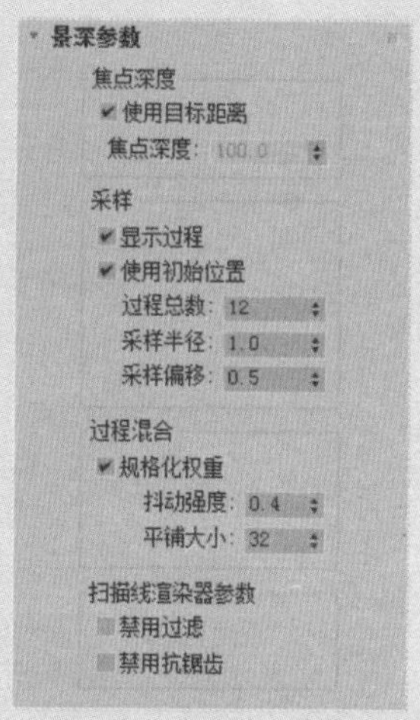

图 5-9

5.2.3 自由摄影机

自由摄影机在摄影机指向的方向查看区域，与目标摄影机非常相似，不同的是自由摄影机比目标摄影机少了一个目标点。自由摄影机由单个图标表示，可以更轻松地设置摄影机动画。如图5-10所示为模型中创建的自由摄影机。

其参数卷展栏与目标摄影机基本相同，这里不再赘述。

知识拓展

如果场景中只有一个摄影机，取消选择并按C键，视图将会自动转换为摄影机视图；如果有多个摄影机，按C键，将会弹出"选择摄影机"对话框。

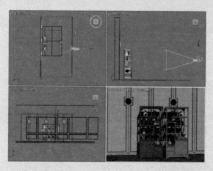

图 5-10

小试身手——为客厅场景创建摄影机

下面将结合以上所学知识为客厅场景创建摄影机，具体操作介绍如下。

01 打开素材文件，如图 5-11 所示。

02 单击"目标摄影机"按钮，在顶视图中创建摄影机，选择透视图，并按 C 键，将透视图更改为摄影机视图，如图 5-12 所示。

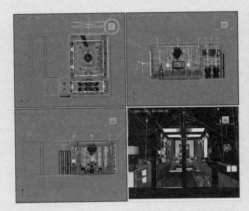

图 5-11

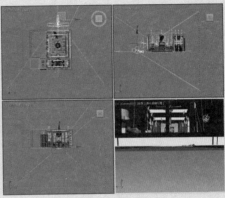

图 5-12

03 在左视图中调整摄影机的高度，如图 5-13 所示。

04 调整摄影机目标点的高度，如图 5-14 所示。

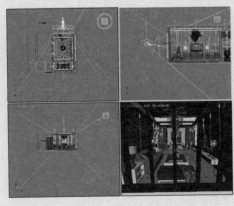

图 5-13

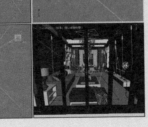

图 5-14

05 在"参数"卷展栏中设置"镜头"值为 24.0mm，根据需要设置"视野"值，如图 5-15 所示。

06 渲染摄影机视图，效果如图 5-16 所示。

图 5-15   图 5-16

5.3　VRay 摄影机

安装了 VRay 渲染器之后，3ds Max 软件中就增加了 VRay 穹顶摄影机。和 3ds Max 自带的摄影机相比，VR 穹顶摄影机主要用于渲染半球圆顶的效果，如图 5-17 所示。通过"翻转 X""翻转 Y"和"FOV"选项可以设置摄影机参数。创建并确定摄影机为选中状态，打开"修改"选项卡，在命令面板的下方将弹出"参数"卷展栏，如图 5-18 所示。

下面将对各参数的含义进行介绍。
- 翻转 X：使渲染图像在 X 坐标轴上翻转。
- 翻转 Y：使渲染图像在 Y 坐标轴上翻转。
- FOV：设置摄影机的视觉大小。

图 5-17   图 5-18

5.4　课堂练习——为场景创建景深效果

通过本章内容的学习，读者对摄影机相关知识有了一定的认识。为了使读者更好地掌握本章所学知识，接下来将为场景创建摄影机制作景深效果，具体操作介绍如下。

01 打开已经创建好的客厅场景，此时场景已经将光源和材质设置完成，如图 5-19 所示。

02 单击"目标灯光"按钮，在顶视图创建一盏目标摄影机，并调整其角度和位置，如图 5-20 所示。

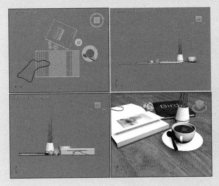 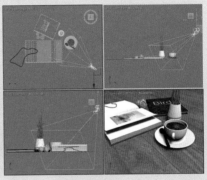

图 5-19　　　　　　　　　　　　图 5-20

03 渲染摄影机视图，效果如图 5-21 所示。

04 按 F10 键，打开"渲染设置"窗口，在"相机"卷展栏中勾选"景深"和"从摄影机获得焦点距离"复选框，设置"光圈"为 6.0mm、"焦点距离"为 200.0mm，如图 5-22 所示。

 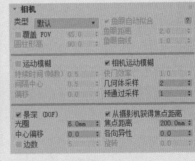

图 5-21　　　　　　　　　　　　图 5-22

05 然后渲染摄影机视图，效果如图 5-23 所示。

图 5-23

强化训练

　　通过本章的学习,读者对摄影机知识、渲染等知识有了一定的认识。为了使读者更好地掌握本章所学知识,在此列举几个针对本章知识的习题,以供读者练手。

(1) 为组合沙发模型创建摄影机

　　下面为组合沙发模型创建并调整摄影机,然后渲染视图,效果如图 5-24、图 5-25 所示。

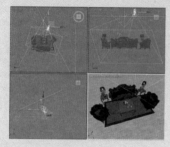

图 5-24　　　　　　　　　　　图 5-25

操作提示:

01 打开素材文件,在顶视图创建目标摄影机。

02 调整摄影机的位置,如图 5-24 所示。

03 将视图切换为摄影机视图,并进行渲染,效果如图 5-25 所示。

(2) 为卧室场景创建摄影机

　　下面利用本章所学知识为卧室创建摄影机,效果如图 5-26、图 5-27 所示。

图 5-26　　　　　　　　　　　图 5-27

操作提示:

01 打开素材文件,在顶视图创建目标摄影机,并调整摄影机角度,如图 5-26 所示。

02 渲染摄影机视图,效果如图 5-27 所示。

CHAPTER　06

渲染技术

本章概述　SUMMARY

渲染是 3ds Max 效果图制作中的最后一个环节，这个过程直接
决定一幅作品的好坏。渲染器的设置不仅会影响作品的风格，
还会影响作品的精细度。本章将全面讲解渲染的相关知识，如
渲染类型以及渲染的参数设置。

■ 学习目标
通过对本章内容的学习，让读者可以掌握模型渲染的操作方法
与技巧。

■ 要点难点
　√　渲染基础知识
　√　全局开关
　√　公用参数
　√　发光贴图

◎渲染餐厅效果

◎渲染卧室效果

6.1 渲染基础知识

3ds Max 三维设计软件，对系统要求较高，效果无法实时预览，需要先进行渲染才能看到最终效果。可以说，渲染是效果图创建过程中最为重要的一个环节，下面将首先对渲染的相关基础知识进行介绍。

■ 6.1.1 渲染器的类型

渲染器的类型很多，3ds Max 2018 自带了 4 种渲染器，分别是 ART 渲染器、Qui cksilver 硬件渲染器、VUE 文件渲染器、扫描线渲染器，如图 6-1 所示。此外，用户还可以使用外置的渲染器插件，比如 VRay 渲染器等。下面将对各渲染器进行介绍。

图 6-1

（1）ART 渲染器

ART 渲染器可以为任意的三维空间工程提供真实的基于硬件的灯光现实仿真技术，各部分独立，互不影响，实时预览功能强大，支持尺寸和 dpi 格式。

（2）Qui cksilver 硬件渲染器

Qui cksilver 硬件渲染器使用图形硬件生成渲染。Qui cksilver 硬件渲染器的一个优点是它的速度快，默认设置提供快速渲染。

（3）VUE 文件渲染器

VUE 文件渲染器可以创建 VUE(.vue) 文件。VUE 文件使用可编辑 ASCII 码格式。

（4）扫描线渲染器

扫描线渲染器是默认的渲染器，默认情况下，通过"渲染场景"对话框或者 Video Post 渲染场景时，可以使用扫描线渲染器。扫描线渲染器是一种多功能渲染器，可以将场景渲染为从上到下生成的一系列扫描线。默认扫描线渲染器的渲染速度是最快的，但是真实度一般。

（5）VRay 渲染器

VRay 渲染器是渲染效果相对比较优质的渲染器，也是本书重点讲解的渲染器。

■ 6.1.2　渲染器的设置

在默认情况下，执行渲染操作，可渲染当前激活视口。若需要渲染场景中的某一部分，则可以使用 3ds Max 提供的各种渲染类型来实现。3ds Max 2018 将渲染类型整合到了"渲染场景"对话框中，如图 6-2 所示。下面对各渲染区域的含义进行介绍。

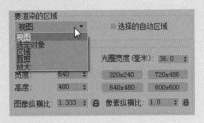

图 6-2

（1）视图

"视图"为默认的渲染类型，执行"渲染"｜"渲染"命令，或单击工具栏上的"渲染产品"按钮，即可渲染当前激活视口。

（2）选定对象

在"要渲染的区域"选项组中，选择"选定对象"选项进行渲染，将仅渲染场景中被选择的几何体，渲染帧窗口的其他对象将保持完好。

（3）区域

选择"区域"选项，在渲染时，会在视口中或渲染帧窗口上出现范围框，此时会仅渲染范围框内的场景对象。

（4）裁剪

选择"裁剪"选项，可通过调整范围框，将范围框内的场景对象渲染输出为指定的图像大小。

（5）放大

选择"放大"选项，可渲染活动视口内的区域并将其放大以填充渲染输出窗口。

6.2　VRay 渲染器

在使用 VRay 渲染器之前，需要按 3ds Max 默认快捷键 F10 来打开渲染参数卷展栏，在"指定渲染器"卷展栏中指定需要的渲染器，这里选择的是 V-Ray Adv 3.60.03，单击"保存为默认设置"按钮将其作为默认渲染器，如图 6-3 所示。

VRay 渲染器参数包括公用、V-Ray、GI、设置和 Render Elements（渲染元素）5 个选项卡。下面将对这些参数选项进行介绍，VRay 渲染器参数较多，用户应多加练习，为渲染奠定良好的基础。

图 6-3

■ 6.2.1　公用

　　"公用"选项卡包含"公用参数"卷展栏、"电子邮件通知"卷展栏、"脚本"卷展栏以及"指定渲染器"卷展栏。下面主要介绍"公用参数"卷展栏和"指定渲染器"卷展栏。

（1）公用参数

　　"公用参数"卷展栏用来设置所有渲染器的公用参数。其参数卷展栏如图 6-4、图 6-5 所示。下面对常用参数的含义进行介绍。

- 单帧：仅当前帧。
- 要渲染的区域：分为视图、选定对象、区域、裁剪、放大。
- 选择的自动区域：该选项控制选择的自动渲染区域。
- 输出大小：下拉列表中可以选择几个标准的电影和视频分辨率以及纵横比。
- 光圈宽度（毫米）：指定用于创建渲染输出的摄影机光圈宽度。
- 宽度和高度：以像素为单位指定图像的宽度和高度。
- 预设分辨率按钮（320×240、640×480 等）：选择预设分辨率。
- 图像纵横比：设置图像的纵横比。
- 像素纵横比：设置显示在其他设备上的像素纵横比。
- 大气：启用此选项后，渲染任何应用的大气效果，如体积雾。
- 效果：启用此选项后，渲染任何应用的渲染效果，如模糊。
- 保存文件：启用此选项后，渲染时 3ds Max 会将渲染后的图像或动画保存到磁盘。

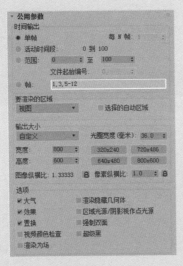
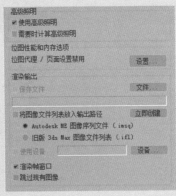

图 6-4   图 6-5

（2）指定渲染器

对于每个渲染类别，该卷展栏显示当前指定的渲染器名称和可以更改该指定的按钮。其参数卷展栏如图 6-6 所示。下面对常用选项的含义进行介绍。

图 6-6

- 启用：启用该选项之后，启用脚本。
- 选择渲染器按钮 ▦：单击带有省略号的按钮，可更改指定的渲染器。
- 产品级：选择渲染图形输出的渲染器。
- 材质编辑器：选择用于渲染材质编辑器中示例的渲染器。
- 锁定按钮 🔒：默认情况下，示例窗渲染器被锁定为与产品级相同的渲染器。
- ActiveShade：该渲染器用于预览场景中照明和材质的更改效果。
- 保存为默认设置：单击该按钮，可将当前渲染器指定保存为默认设置，以便下次重新启动 3ds Max 时它们处于活动状态。

■ 6.2.2 V-Ray

该选项卡包含了 VRay 的渲染参数：帧缓冲、全局开关、图像采样(抗锯齿）、块图像采样器、环境、颜色贴图等，下面介绍几个常用的卷展栏。

（1）帧缓冲

"帧缓冲"卷展栏下的参数可以代替 3ds Max 自身的帧缓冲窗口。这里可以设置渲染图像的大小，以及保存渲染图像等，其参数卷展栏如图 6-7 所示。

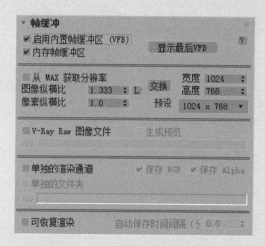

图 6-7

下面对常用选项的含义进行介绍。

- 启用内置帧缓冲区：可以使用 VRay 自身的渲染窗口。
- 内存帧缓冲区：勾选该选项，可将图像渲染到内存，再由帧缓冲区窗口显示出来，可以方便用户观察渲染过程。
- 从 Max 获取分辨率：当勾选该选项时，将从 3ds Max 的"渲染设置"对话框"公用"选项卡的"输出大小"选项组中获取渲染尺寸。
- 图像纵横比：控制渲染图像的长宽比。
- 宽度 / 高度：设置图像的宽度 / 高度。
- V-Ray Raw 图像文件：控制是否将渲染后的文件保存到所指定的路径中。
- 保存 RGB/ 保存 Alpha：控制是否保存 RGB 色彩 /Alpha 通道。
- ... 按钮：单击该按钮，可以保存 RGB 和 Alpha 文件。

（2）全局开关

"全局开关"卷展栏的参数主要用来对场景中的灯光、材质、置换等进行全局设置，比如是否使用默认灯光、是否开启阴影、是否开启模糊等。3ds Max 2018 版本中的"全局开关"卷展栏中分为默认模式、高级模式、专家模式三种，默认模式和高级模式如图 6-8、图 6-9 所示。

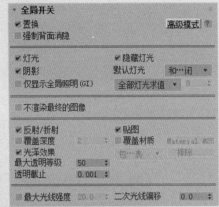

图 6-8   图 6-9

而专家模式面板是最全面的，如图 6-10 所示。下面对常用选项的
含义进行介绍。

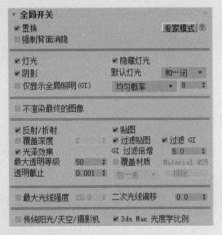

图 6-10

- 置换：控制是否开启场景中的置换效果。
- 灯光：控制是否开启场景中的光照效果。当关闭该选项时，场
  景中放置的灯光将不起作用。
- 隐藏灯光：控制场景是否让隐藏的灯光产生光照，这样调节场
  景中的光照非常方便。
- 仅显示全局照明：当勾选该复选框时，场景渲染结果只显示全
  局照明的光照效果。
- 不渲染最终的图像：控制是否渲染最终图像。
- 阴影：控制场景是否产生阴影。
- 反射 / 折射：控制是否开启场景中的材质的反射和折射效果。
- 光泽效果：控制是否开启反射或折射模糊效果。
- 最大透明等级：控制透明材质被光线追踪的最大深度。值越高，

被光线追踪的深度越深，效果越好，但渲染速度会变慢。

- 透明截止：控制 VRay 渲染器对透明材质的追踪终止值。

- 覆盖材质：当在后面的通道中设置了一个材质后，那么场景中所有的物体都将使用该材质进行渲染，这在测试阳光的方向时非常有用。

（3）块图像采样器

块图像采样器是一种高级抗锯齿采样器，如图 6-11 所示。下面对常用选项的含义进行介绍。

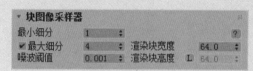

图 6-11

- 最小细分：定义每个像素使用样本的最小数量。

- 最大细分：定义每个像素使用样本的最大数量。

- 噪波阈值：图像的最小判断值，当图像的判断达到这个值以后，就停止对图像的判断。

- 渲染块宽度 / 渲染块高度：表示宽度 / 高度方向的渲染块的尺寸。

（4）环境

"环境"卷展栏分为 GI 环境、反射 / 折射环境、折射环境和二次无光环境 4 个选项组，如图 6-12 所示。

① GI 环境

- 开启：控制是否开启 VRay 的天光。

- 颜色：设置天光的颜色。

- 倍增：设置天光亮度的倍增。值越高，天光的亮度越高。

② 反射 / 折射环境

- 开启：当勾选该复选框后，当前场景中的反射环境将由它来控制。

- 颜色：设置反射环境的颜色。

- 倍增：设置反射环境亮度的倍增。值越高，反射环境的亮度越高。

③ 折射环境

- 开启：当勾选该复选框后，当前场景中的折射环境由它来控制。

- 颜色：设置折射环境的颜色。

- 倍增：设置折射环境亮度的倍增。值越高，折射环境的亮度越高。

④ 二次无光环境

- 开启：当勾选该复选框后，当前场景中的无光对象的颜色和纹理由它来控制。

- 颜色：设置反射／折射中可见的无光对象的环境颜色。
- 倍增：设置反射／折射中可见的无光对象环境的亮度。值越高，反射／折射环境的亮度越高。

（5）颜色贴图

"颜色贴图"卷展栏的参数用来控制整个场景的色彩和曝光方式，下面仅以专家模式面板进行介绍，其参数卷展栏如图 6-13 所示。

下面对常用选项的含义进行介绍。

图 6-12

图 6-13

- 类型：包括线性叠加、指数、HSV 指数、强度指数、Gamma 纠正、强度伽玛和莱因哈德 7 种模式。
  - 线性叠加：这种模式将基于最终色彩亮度来进行线性的叠加，容易产生曝光效果，不建议使用。
  - 指数：这种曝光采用指数模式，可以降低靠近光源处表面的曝光效果，产生柔和效果。
  - 强度指数：这种方式是对上面两种指数曝光的结合，既抑制曝光效果，又保持物体的饱和度。
  - Gamma 纠正：采用伽玛来修正场景中的灯光衰减和贴图色彩，其效果和线性倍增曝光模式类似。
  - 莱因哈德：这种曝光方式可以把线性倍增和指数曝光混合起来。
- 子像素贴图：勾选后，物体的高光区与非高光区的界线处不会有明显的黑边。
- 影响背景：控制是否让曝光模式影响背景。当关闭该选项时，背景不受曝光模式的影响。
- 线性工作流：该选项就是一种通过调整图像的灰度值来使得图像得到线性化显示的技术流程。

■ 6.2.3 GI

GI 在 VRay 渲染器中被理解为间接光照，包括全局光照、发光贴图、灯光缓存、焦散 4 个卷展栏，下面将常用的卷展栏进行介绍。

1. 全局光照

在修改 VRay 渲染器时，首先要开启全局照明，这样才能出现真实的渲染效果。开启 GI 后，光线会在物体与物体间互相反弹，因此光线计算会更准确，图像也更加真实，其卷展栏如图 6-14 所示。下面对常用选项的含义进行介绍。

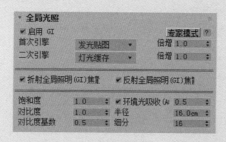

图 6-14

- 启用 GI：勾选该复选框后，将开启 GI 效果。
- 首次引擎 / 二次引擎：VRay 计算光的方法是真实的，光线发射出来然后进行反弹，再进行反弹。
- 倍增：控制首次反弹和二次反弹光的倍增值。
- 对比度：控制色彩的对比度。
- 饱和度：可以用来控制色溢，降低该数值可以降低色溢效果。
- 对比度基数：控制饱和度和对比度的基数。
- 环境光吸收：该选项可以控制 AO 贴图的效果。
- 半径：控制环境阻光（AO）的半径。
- 细分：环境阻光（AO）的细分。

2. 发光贴图

在 VRay 渲染器中，发光贴图是计算场景中物体的漫反射表面发光时采取的一种有效的方法。因此在计算 GI 的时候，并不是场景的每一个部分都需要同样的细节表现，它会自动判断在重要的部分进行更加准确的计算，而在不重要的部分进行粗略的计算。发光贴图是计算 3D 空间点的集合的 GI 光。发光图是一种常用的全局照明引擎，它只存在于首次反弹引擎中，其参数卷展栏如图 6-15 所示。下面对常用选项的含义进行介绍。

① 基本参数

该选项组主要用来选择当前预设的类型及控制样本的数量、采样的分布等。

- 当前预设：设置发光图的预设类型，共有以下 8 种。
  - 非常低：这是一种非常低的精度模式，主要用于测试阶段。
  - 低：一种比较低的精度模式。

◆ 中：是一种中级品质的预设模式

◆ 中－动画：用于渲染动画效果，可以解决动画闪烁的问题。

◆ 高：一种高精度模式，一般用在光子贴图中。

◆ 高－动画：比中等品质效果更好的一种动画渲染预设模式。

◆ 非常高：是预设模式中精度最高的一种，可以用来渲染高品质的效果图。

◆ 最小/最大速率：主要控制场景中比较平坦、面积比较大、细节比较多、弯曲较大的面的质量受光。

● 细分：数值越高，表现光线越多，精度也就越高，渲染的品质也越好。

● 插值采样：这个参数是对样本进行模糊处理，数值越大渲染越精细。

● 插值帧数：该数值控制插补的帧数。

● 使用摄影机路径：勾选该复选框，将会使用相机的路径。

● 显示计算阶段：勾选该复选框后，可看到渲染帧里的 GI 预计算过程，建议勾选。

● 显示采样：显示采样的分布以及分布的密度，帮助用户分析 GI 的精度够不够。

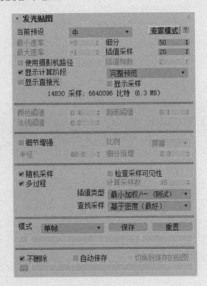

图 6-15

② 选项

该选项组中的参数主要用于控制渲染过程的显示方式和样本是否可见。

● 颜色阈值：这个值主要是让渲染器分辨哪些是平坦区域，哪些不是平坦区域，它是按照颜色的灰度来区分的。值越小，对灰度的敏感度越高，区分能力越强。

- 法线阈值：这个值主要是让渲染器分辨哪些是交叉区域，哪些不是交叉区域，它是按照法线的方向来区分的。值越小，对法线方向的敏感度越高，区分能力越强。
- 距离阈值：这个值主要是让渲染器分辨哪些是弯曲表面区域，哪些不是弯曲表面区域，它是按照表面距离和表面弧度的比较来区分的。值越高，表示弯曲表面的样本越多，区分能力越强。

③ 细节增强

细节增强是使用高蒙特卡洛积分计算方式来单独计算场景物体的边线、角落等细节地方，这样就可以在平坦区域不需要很高的 GI，总体上来说节约了渲染时间，并且提高了图像的品质。

- 细节增强：是否开启细部增强功能，勾选后细节非常精细，但是渲染速度非常慢。
- 比例：细分半径的单位依据，有屏幕和世界两个单位选项。屏幕是指用渲染图的最后尺寸来作为单位；世界是用 3ds Max 系统中的单位来定义的。
- 半径：半径值越大，使用细部增强功能的区域也就越大，渲染时间也越慢。
- 细分倍增：控制细部的细分，但是这个值和发光图里的细分有关系。值越低，细部就会产生杂点，渲染速度比较快；值越高，细部就可以避免产生杂点，同时渲染速度会变慢。

④ 高级选项

该选项组下的参数主要是对样本的相似点进行插值、查找。

- 随机采样：控制发光图的样本是否随机分配。
- 多过程：当勾选该选项时，VRay 会根据最大比率和最小比率进行多次计算。
- 检查采样可见性：在灯光通过比较薄的物体时，很有可能会产生漏光现象，勾选该选项可以解决这个问题。
- 插值类型：VRay 提供了 4 种样本插补方式，为发光图的样本的相似点进行插补。
- 查找采样：它主要控制哪些位置的采样点是适合用来作为基础插补的采样点。

⑤ 模式

该选项组中的参数主要是提供发光图的使用模式。

- 单帧：一般用来渲染静帧图像。
- 从文件：当渲染完光子以后，可以将其保存起来，这个选项就是调用保存的光子图进行动画计算。
- 添加到当前贴图：当渲染完一个角度的时候，可以把摄影机转一个角度再全新计算新角度的光子，最后把这两次的光子叠加起来，这样的光子信息更丰富、更准确，同时也可以进行多次叠加。

◆ 增量添加到当前贴图：这个模式和添加到当前贴图相似，只不过它不是全新计算新角度的光子，而是只对没有计算过的区域进行新的计算。

◆ 动画（预处理）：适合动画预览，使用这种模式要预先保存好光子贴图。

◆ 动画（渲染）：适合最终动画渲染，这种模式要预先保存好光子贴图。

- 　保存　按钮：将光子图保存到硬盘。
- 　重置　按钮：将光子图从内存中清除。
- 文件：设置光子图所保存的路径。
- 　按钮：从硬盘中调用需要的光子图进行渲染。

⑥ 渲染结束时光子图处理

该选项组中的参数主要用于控制光子图在渲染完以后如何处理。

- 不删除：当光子渲染完以后，不把光子从内存中删掉。
- 自动保存：当光子渲染完以后，自动保存在硬盘中，单击　保存　按钮就可以选择保存位置。

3. 灯光缓存

灯光缓存与发光贴图比较相似，都是将最后的光发散到摄影机后得到最终图像，只是灯光缓存与发光贴图的光线路径是相反的；发光贴图的光线追踪方向是从光源发射到场景的模型中，最后再反弹到摄影机；而灯光缓存是从摄影机开始追踪光线到光源，摄影机追踪光线的数量就是灯光缓存的最后精度。其参数卷展栏如图 6-16 所示。下面对常用选项的含义进行介绍。

① 计算参数

该选项组用于设置灯光缓存的基本参数，比如细分、采样大小、单位依据等。

- 细分：用来决定灯光缓存的样本数量。值越高，样本总量越多，渲染效果越好，渲染越慢。
- 采样大小：控制灯光缓存的样本大小，小的样本可以得到更多的细节，但是需要更多的样本。
- 比例：在效果图中使用"屏幕"选项，在动画中使用"世界"选项。
- 存储直接光：勾选该选项以后，灯光缓存将储存直接光照信息。当场景中有很多灯光时，使用这个选项会提高渲染速度。因为它已经把直接光照信息保存到灯光缓存中，在渲染出图的时候，不需要对直接光照再进行采样计算。

- 使用摄影机路径: 勾选该复选框后, 将使用摄影机作为计算的路径。

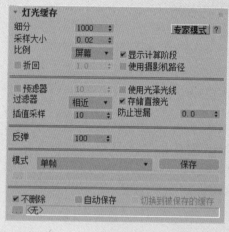

图 6-16

② 重建参数

该选项组主要是对灯光缓存样本以不同的方式进行模糊处理。

- 预滤器: 当勾选该复选框以后, 可以对灯光缓存样本进行提前过滤, 它主要是查找样本边界, 然后对其进行模糊处理。后面的值越高, 对样本进行模糊处理的程度越深。
- 使用光泽光线: 设置是否使用平滑的灯光缓存, 开启该功能后会使渲染效果更加平滑, 但会影响到细节效果。
- 过滤器: 该选项是在渲染最后成图时对样本进行过滤, 其下拉列表中共有 3 个选项。
- 插值采样: 这个参数是对样本进行模糊处理, 较大的值可以得到比较模糊的效果, 较小的值可以得到比较锐利的效果。

③ 反弹参数

该选项组可以控制反弹、自适应跟踪、仅使用反方向的参数。

- 反弹: 控制反弹的数量。

④ 模式

该选项组与发光图中的光子图使用模式基本一致。

- 模式: 设置光子图的使用模式, 共有以下 3 种。
  - 单帧: 一般用来渲染静帧图像。
  - 穿行: 这个模式用在动画方面, 它把第 1 帧到最后 1 帧的所有样本都融合在一起。
  - 从文件: 使用这种模式, VRay 要导入一个预先渲染好的光子贴图, 该功能只渲染光影追踪。
- 保存 按钮: 将保存在内存中的光子贴图再次进行

保存。

- ...按钮：在硬盘中浏览保存好的光子图。

⑤ 在渲染结束后

该选项组主要用来控制光子图在渲染完以后如何处理。

- 不删除：当光子渲染完以后，不把光子从内存中删掉。
- 自动保存：当光子渲染完以后，自动保存在硬盘中，单击 保存 按钮可以选择保存位置。
- 切换到被保存的缓存：当勾选该选项以后，系统会自动使用最新渲染的光子图来进行大图渲染。

■ 6.2.4 设置

设置选项卡主要包括"默认置换"和"系统"两个卷展栏，下面对"系统"卷展栏下的主要参数进行介绍。该卷展栏下的参数不仅对渲染速度有影响，而且还会影响渲染的显示和提示功能，同时还可以完成联机渲染，其参数卷展栏如图 6-17 所示。下面对常用选项的含义进行介绍。

> **绘图技巧**
>
> 在进行测试渲染时，灯光的细分数值调节到 200 就可以了，渲染最终效果时，可以将数值调节到 1000 左右。

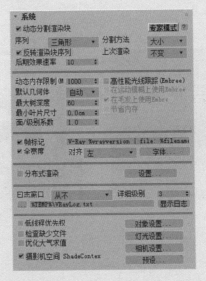

图 6-17

- 序列：控制渲染块的渲染顺序，共有 6 种方式，分别是顶→底、左→右、棋盘、螺旋、三角形和稀耳伯特曲线。
- 分割方法：控制分割的方法。
- 动态内存限制：控制动态内存的总量。
- 默认几何体：控制内存的使用方式，共有 3 种方式。
- 最大树深度：控制根节点的最大分支数量。较高的值会加快渲染速度，同时会占用较多的内存。

- 最小叶片尺寸：控制叶节点的最小尺寸，当达到叶节点尺寸以后，系统停止计算场景。
- 面 / 级别系数：控制一个节点中的最大三角面数量，当未超过临近点时，计算速度快。
- 高性能光线跟踪（Embree）：控制是否使用高性能光线跟踪。
- 在运动模糊上使用 Embree：控制是否使用高性能光线跟踪运动模糊。
- 帧标记：当勾选该复选框后，就可以显示水印。
- 全宽度：水印的最大宽度。当勾选该复选框后，它的宽度和渲染图像的宽度相当。
- 对齐：控制水印里的字体排列位置，包括左、中、右 3 个选项。

小试身手——渲染餐厅场景效果

下面将结合以上所学知识渲染餐厅场景效果，具体操作介绍如下。

01 打开素材文件，在此灯光、材质、摄影机等已经创建完毕，如图 6-18 所示。

02 在未设置渲染器的情况下渲染摄影机视口，效果如图 6-19 所示。

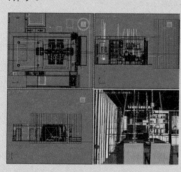

图 6-18　　　　　　　　　　图 6-19

03 下面进行测试渲染的设置。执行"渲染"|"渲染设置"命令，打开"渲染设置"对话框，在 V-Ray 选项卡中打开"帧缓冲"卷展栏，取消勾选"启用内置帧缓冲区"复选框，如图 6-20 所示。

04 在"图像采样"卷展栏中设置抗锯齿"类型"为"块"；在"图像过滤"卷展栏中设置过滤器，如图 6-21 所示。

05 在"全局 DMC"卷展栏中勾选"锁定噪波图案"和"使用局部细分"复选框；在"颜色贴图"卷展栏中设置"类型"为"指数"，如图 6-22 所示。

06 在"全局光照"卷展栏中设置"首次引擎"为"发光贴图"，如图 6-23 所示。

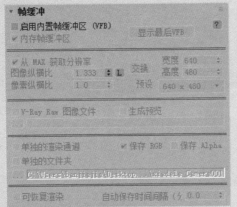

图 6-20

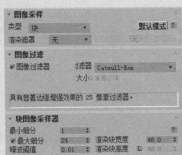

图 6-21

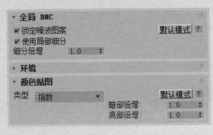

图 6-22

图 6-23

07 在"发光贴图"卷展栏中设置"当前预设"为"低","细分"值与"插值采样"值为 20，如图 6-24 所示。

08 在"灯光缓存"卷展栏中设置"细分"值为 200，如图 6-25 所示。

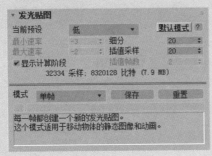

图 6-24

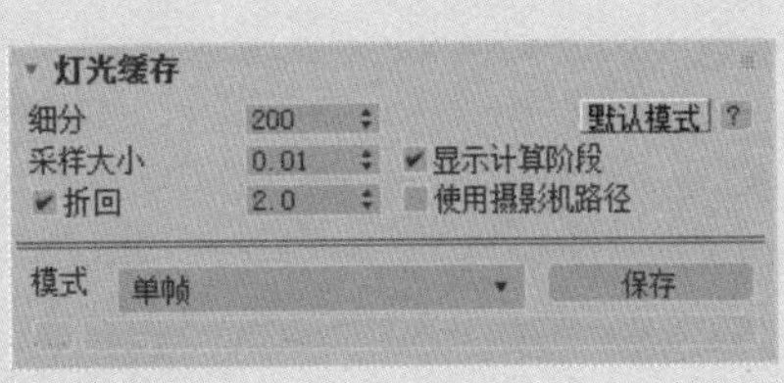

图 6-25

09 渲染摄影机视图，效果如图 6-26 所示。

10 下面进行最终效果的渲染设置。设置出图大小，如图 6-27 所示。

11 在"全局 DMC"卷展栏中设置"细分倍增"为 1.5，如图 6-28 所示。

12 在"环境"卷展栏中勾选"GI 环境"复选框，如图 6-29 所示。

图 6-26

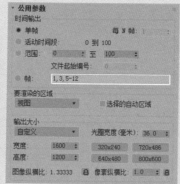

图 6-27

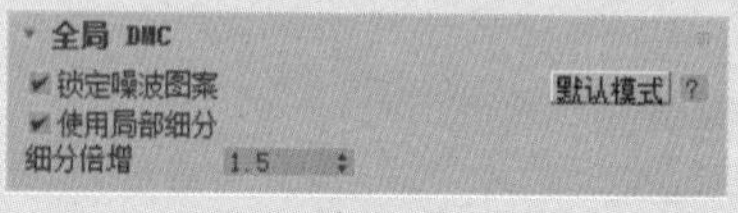

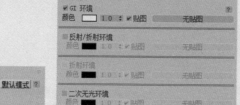

图 6-29

图 6-28

13 在"颜色贴图"卷展栏中设置"暗部倍增"为 0.8，如图 6-30 所示。

14 在"块图像采样器"卷展栏中设置"噪波阈值"和"渲染块宽度"，如图 6-31 所示。

图 6-30

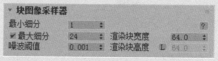

图 6-31

15 在"发光贴图"卷展栏中设置"当前预设"为"高"，"细分"值为 50，"插值采样"值为 40，如图 6-32 所示。

16 在"灯光缓存"卷展栏中设置"细分"值为 1200，如图 6-33 所示。

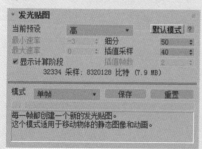

图 6-32

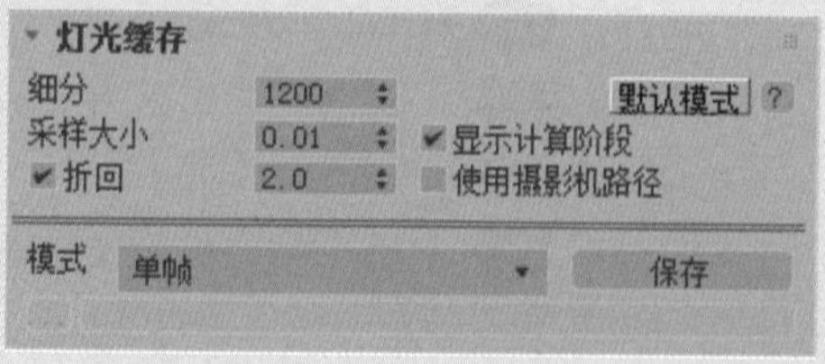

图 6-33

17 渲染摄影机视图，效果如图 6-34 所示。

图 6-34

6.3　课堂练习——渲染客厅场景效果

场景中的材质、灯光、摄影机已全部创建完毕，下面就可以对灯光效果进行测试渲染。在测试渲染时，可以将"渲染设置"窗口中的参数设置低一些，以加快渲染速度。然后调节不满意的地方，最后进行高品质效果的渲染。下面通过结合以上所学知识渲染客厅场景效果，具体操作介绍如下。

01 打开素材文件，如图 6-35 所示。

02 在未设置渲染器的情况下渲染摄影机视口，效果如图 6-36 所示。

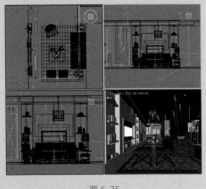 

图 6-35　　　　　　　　　　　　　　　　图 6-36

03 下面进行测试渲染的设置。执行"渲染"|"渲染设置"命令，打开"渲染设置"对话框，在 V-Ray 选项卡中打开"帧缓冲"卷展栏，取消勾选"启用内置帧缓冲区"复选框，如图 6-37 所示。

04 在"图像采样"卷展栏中设置抗锯齿"类型"为"块"；在"图像过滤"卷展栏中设置过滤器类型，如图 6-38 所示。

图 6-37

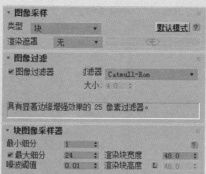

图 6-38

05 在"全局DMC"卷展栏中勾选"锁定噪波图案"和"使用局部细分"复选框；在"颜色贴图"卷展栏中设置"类型"为"指数"，如图6-39所示。

06 在"全局光照"卷展栏中设置"首次引擎"为"发光贴图"，如图6-40所示。

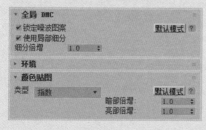

图 6-39

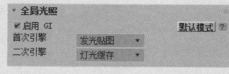

图 6-40

07 在"发光贴图"卷展栏中设置"当前预设"为"低"，"细分"值与"插值采样"值均为20，如图6-41所示。

08 在"灯光缓存"卷展栏中设置"细分"值为200，如图6-42所示。

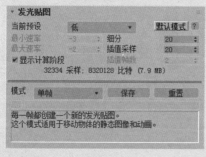

图 6-41

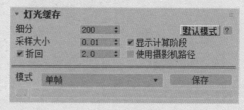

图 6-42

09 渲染摄影机视图，效果如图6-43所示。

10 下面进行最终效果的渲染设置。设置出图大小，如图6-44所示。

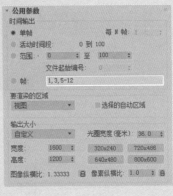

图 6-43　　　　　　　　　　　　　　　　　图 6-44

⑪ 在"块图像采样器"卷展栏中设置"噪波阈值"和"渲染块宽度"，如图 6-45 所示。

⑫ 在"发光贴图"卷展栏中设置"当前预设"为"高"，"细分"值为 60，"插值采样"值为 30，如图 6-46 所示。

图 6-45　　　　　　　　　　　　　　　　　图 6-46

⑬ 在"灯光缓存"卷展栏中设置"细分"值为 1200，如图 6-47 所示。

⑭ 渲染摄影机视图，效果如图 6-48 所示。

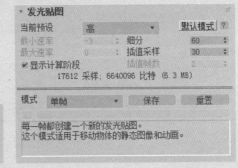

图 6-47　　　　　　　　　　　　　　　　　图 6-48

强化训练

通过本章的学习，读者对渲染基础知识、VRay 渲染等知识有了一定的认识。为了使读者更好地掌握本章所学知识，在此列举几个针对本章知识的习题，以供读者练手。

（1）渲染卧室场景

下面利用本章所学知识渲染卧室场景，如图 6-49 所示。

图 6-49

操作提示：

01 打开素材文件，按 F10 键打开"渲染设置"对话框，将渲染器更改为 VRay 渲染器。

02 在"渲染设置"对话框中设置输出大小、颜色贴图、发光图、系统等参数。

03 关闭对话框，按 F9 键进行渲染，效果如图 6-49 所示。

（2）渲染厨房场景

下面利用本章所学知识渲染厨房场景，如图 6-50 所示。

图 6-50

操作提示：

01 打开"渲染设置"对话框，设置输出大小、颜色贴图、发光图、系统等参数。

02 按 F9 键进行渲染，效果如图 6-50 所示。

CHAPTER 07

餐厅场景效果表现

本章概述 SUMMARY

本章将综合利用前面所学知识，介绍餐厅效果图的制作方法。
在 3ds Max 中打开创建好的场景模型，在此基础上进行摄影机、
材质、光源的创建与渲染。通过本案例的学习，读者不仅可以
加深对 VRay 灯光、VRay 材质的理解和运用，还可以掌握更多的
渲染技巧。

☐ 学习目标
本章以通过餐厅场景的制作过程为例，使读者所学到的知识在
实际工作中进行运用。

☐ 要点难点
   √ 不锈钢材质的创建
   √ 玻璃材质的创建
   √ 平面灯光的创建
   √ 渲染参数的设置

◎餐桌渲染效果

◎餐厅场景效果

7.1　检测模型

　　下面将介绍如何在 3ds Max 中打开并检测已经创建完成的场景模型。

01 打开素材文件，如图 7-1 所示。

02 在摄影机创建面板中单击"目标"按钮，在顶视图中创建一架摄影机，调整摄影机的高度和角度，效果如图 7-2 所示。

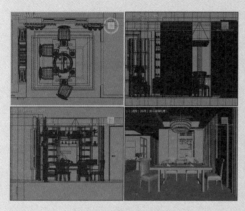 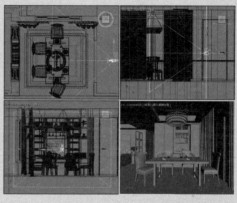

图 7-1　　　　　　　　　　　　　　　图 7-2

03 按 F10 键，打开"渲染设置"对话框，在"全局开关"卷展栏中勾选"覆盖材质"复选框，并为该通道添加标准材质，如图 7-3 所示。

04 将添加的材质拖动到材质编辑器进行实例复制，设置"漫反射"颜色为 255,255,255，如图 7-4 所示。

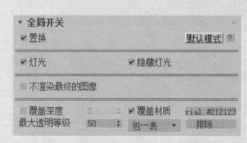 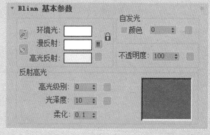

图 7-3　　　　　　　　　　　　　　　图 7-4

05 为漫反射通道添加边纹理贴图，在 VRayEdgesTex（VRay 边纹理）params 卷展栏中设置"像素宽度"，并设置颜色参数为 0,0,0，如图 7-5 所示。

06 赋予模型材质，按 F9 键进行渲染，如图 7-6 所示，检测模型是否有破面等问题，以便于进行调整。

图 7-5　　　　　　　　　　　　　　　　　　　图 7-6

7.2　为餐厅场景创建材质

　　本节主要讲述为餐厅场景中的对象分别创建材质的操作方法。材质的设置是制作效果图的关键之一，只有材质设置到位，才能表现出场景的真实性。

7.2.1　为建筑主体模型创建材质

　　本场景中的墙面和顶面分别使用了乳胶漆和壁纸，地面材质为瓷砖。下面具体介绍操作步骤。

01 创建顶面乳胶漆材质。按 M 键打开材质编辑器，在材质球示例窗口中选择一个未使用的材质球，设置材质类型为 VRayMtl，设置"漫反射"颜色为 255,255,255，设置"高光光泽"与"细分"值，并取消勾选"菲涅耳反射"复选框，如图 7-7 所示。

02 在 BRDF 卷展栏中选择函数类型为 Blinn；在"选项"卷展栏中取消勾选"跟踪反射"和"光泽菲涅耳"复选框，并设置"中止"值为 0.01，如图 7-8 所示。

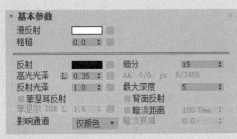

图 7-7　　　　　　　　　　　　　　　　　　　图 7-8

03 创建好的乳胶漆材质球效果如图 7-9 所示。

04 创建墙面壁纸材质。选择一个未使用的材质球，设置材质类型为 VRayMtl，设置"细分"值为 15，并取消勾选"菲涅耳反射"复选框，如图 7-10 所示。

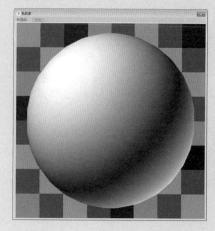

图 7-9

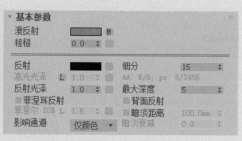

图 7-10

05 为漫反射通道添加位图贴图，如图 7-11 所示。

06 在 BRDF 卷展栏中选择函数类型为 Blinn；在"选项"卷展栏中取消勾选"光泽菲涅耳"复选框，并设置"中止"值为 0.01，如图 7-12 所示。

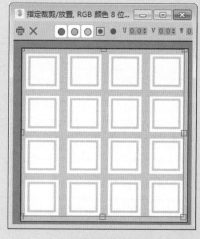

图 7-11

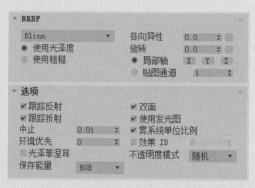

图 7-12

07 创建好的壁纸材质球如图 7-13 所示。

08 创建瓷砖材质。选择一个未使用的材质球，设置材质类型为 VRayMtl，设置"反射"颜色为 57,57,57，设置"高光光泽"为 0.9，"细分"值为 15，并取消勾选"菲涅耳反射"复选框，如图 7-14 所示。

09 为漫反射通道添加位图贴图，如图 7-15 所示。

10 在 BRDF 卷展栏中选择函数类型为 Blinn；在"选项"卷展栏中取消勾选"光泽菲涅耳"复选框，并设置"中止"值为 0.01，如图 7-16 所示。

图 7-13

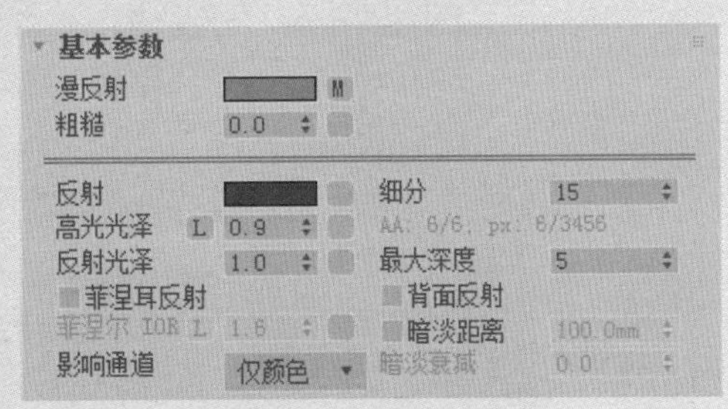

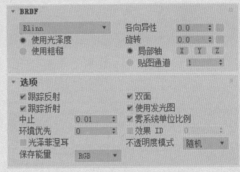

图 7-14

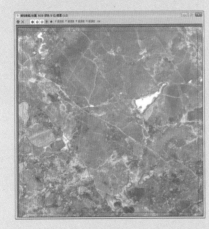

图 7-15

图 7-16

11 创建好的瓷砖材质球效果如图 7-17 所示。

12 按照相同的方法创建波打线材质球，如图 7-18 所示。

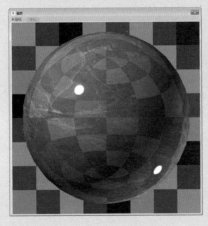

图 7-17

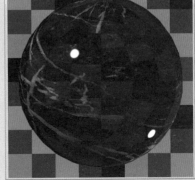

图 7-18

13 将创建好的材质球赋予模型，效果如图 7-19 所示。

图 7-19

■ 7.2.2 为酒柜模型创建材质

场景中酒柜由红酒瓶、酒杯、玻璃、边框等组成，材质包括玻璃、不锈钢等，下面来介绍如何创建这几种材质。

01 创建不锈钢材质。选择一个未使用的材质球，设置材质类型为 VRayMtl，设置"漫反射"颜色为 178,178,178，设置"反射"颜色为 217,217,217，设置"反射光泽"和"细分"值，并取消勾选"菲涅耳反射"复选框，如图 7-20 所示。

02 在 BRDF 卷展栏中选择函数类型为 Blinn；在"选项"卷展栏中取消勾选"光泽菲涅耳"复选框，并设置"中止"值为 0.01，如图 7-21 所示。

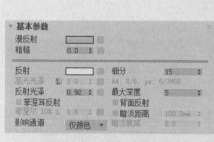

图 7-20

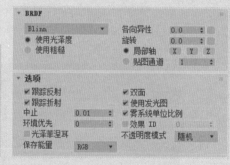

图 7-21

03 创建好的不锈钢材质球效果如图 7-22 所示。

04 创建玻璃材质。选择一个未使用的材质球，设置材质类型为 VRayMtl，设置"反射"颜色为 40,40,40，设置"折射"颜色为 250,250,250，设置"细分"值为 15，并取消勾选"菲涅耳反射"复选框，如图 7-23 所示。

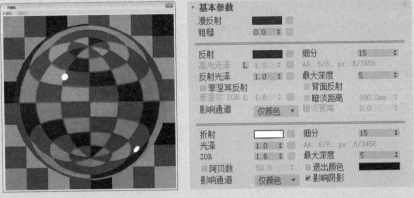

图 7-22   图 7-23

05 设置漫反射颜色参数，如图 7-24 所示。

06 在 BRDF 卷展栏中选择函数类型为 Blinn；在 "选项" 卷展栏中取消勾选 "光泽菲涅耳" 和 "雾系统单位比例" 复选框，并设置中止值为 0.01，如图 7-25 所示。

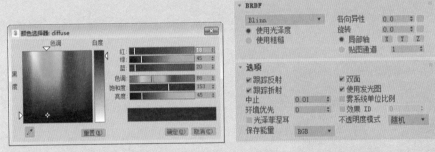

图 7-24   图 7-25

07 创建好的玻璃材质球效果如图 7-26 所示。

08 创建金属吊杆材质。选择一个未使用的材质球，设置材质类型为 VRayMtl，设置 "反射" 颜色为 200,200,200，设置 "高光光泽" 为 0.6，"细分" 值为 15，并取消勾选 "菲涅耳反射" 复选框，如图 7-27 所示。

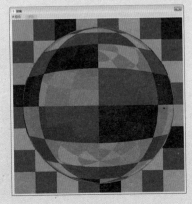

图 7-26

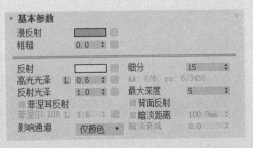

图 7-27

09 设置漫反射颜色参数，如图 7-28 所示。

10 在 BRDF 卷展栏中选择函数类型为 Blinn；在"选项"卷展栏中取消勾选"光泽菲涅耳"和"雾系统单位比例"复选框，并设置"中止"值为 0.01，如图 7-29 所示。

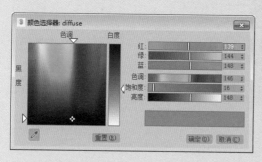

图 7-28

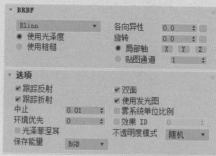

图 7-29

11 创建好的金属吊杆材质球效果如图 7-30 所示。

12 创建酒柜材质。选择一个未使用的材质球，设置材质类型为 VRayMtl，设置"反射"颜色为 29,29,29，设置"高光光泽"和"反射光泽"，设置"细分"值，并取消勾选"菲涅耳反射"复选框，如图 7-31 所示。

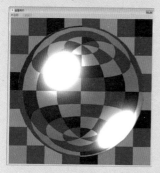

图 7-30

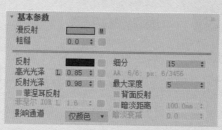

图 7-31

13 设置漫反射颜色参数，如图 7-32 所示。

14 为漫反射通道添加位图贴图，如图 7-33 所示。

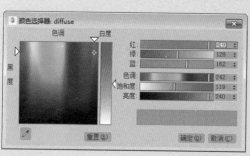

图 7-32

图 7-33

15 在 BRDF 卷展栏中选择函数类型为 Blinn；在"选项"卷展栏中取消勾选"光泽菲涅耳"复选框，并设置"中止"值为 0.01，如图 7-34 所示。

16 创建好的酒柜材质球效果，如图 7-35 所示。

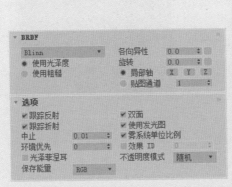

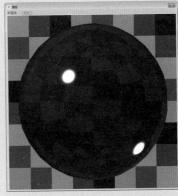

图 7-34　　　　　　　　　　　　　　　　图 7-35

17 创建酒瓶材质。选择一个未使用的材质球，设置材质类型为 VRayMtl，设置"反射"颜色为 22,22,22，设置"折射"颜色为 47,47,47，设置"高光光泽"与"细分"值，并取消勾选"菲涅耳反射"复选框，如图 7-36 所示。

18 设置漫反射颜色参数，如图 7-37 所示。

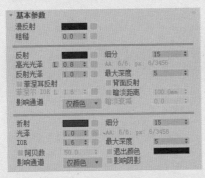

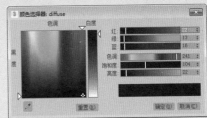

图 7-36　　　　　　　　　　　　　　　　图 7-37

19 在 BRDF 卷展栏中选择函数类型为 Blinn；在"选项"卷展栏中取消勾选"光泽菲涅耳"复选框，并设置"中止"值为 0.01，如图 7-38 所示。

20 创建好的酒瓶材质球效果如图 7-39 所示。

21 创建瓶盖材质。选择一个未使用的材质球，设置材质类型为 VRayMtl，设置"反射"颜色为 39,39,39，设置"高光光泽"、IOR 与"细分"值，并取消勾选"菲涅耳反射"复选框，如图 7-40 所示。

22 设置漫反射颜色参数，如图 7-41 所示。

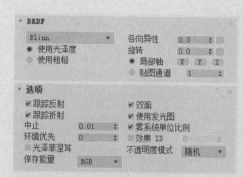

图 7-38

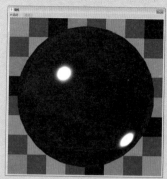

图 7-39

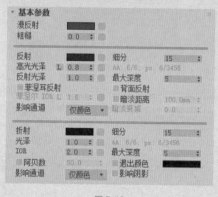

图 7-40

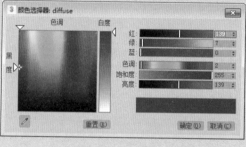

图 7-41

㉓ 在 BRDF 卷展栏中选择函数类型为 Blinn；在"选项"卷展
栏中取消勾选"光泽菲涅耳"和"雾系统单位比例"复选框，
并设置"中止"值为 0.01，如图 7-42 所示。

㉔ 在"贴图"卷展栏中为"凹凸"通道添加噪波贴图，并设
置凹凸值，如图 7-43 所示。

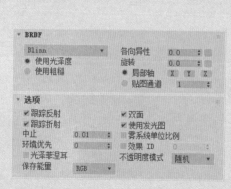

图 7-42

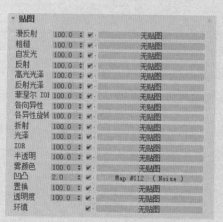

图 7-43

25 在"坐标"卷展栏中设置"瓷砖"值；在"噪波参数"卷展栏中设置噪波"大小"，如图 7-44 所示。

26 创建好的瓶盖材质球效果如图 7-45 所示。

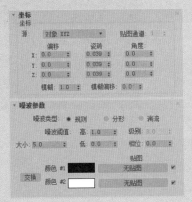

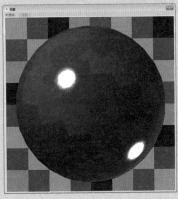

图 7-44   图 7-45

27 将创建好的材质赋予模型进行渲染，效果如图 7-46 所示。

图 7-46

7.2.3　为餐桌椅模型创建材质

场景中的家具主要是餐桌、餐具等，材质包括不锈钢、玻璃、布料等，下面来介绍如何创建这几种材质。

01 创建椅子腿材质。选择一个未使用的材质球，设置材质类型为 VRayMtl，设置"漫反射"颜色为 25,25,25，设置"高光光泽"与"细分"值，并取消勾选"菲涅耳反射"复选框，如图 7-47 所示。

02 为漫反射通道添加位图贴图，如图 7-48 所示。

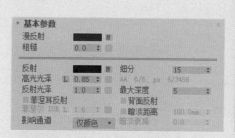

图 7-47 图 7-48

03 为反射通道添加衰减贴图，并设置"衰减类型"，如图7-49所示。

04 在 BRDF 卷展栏中选择函数类型为 Blinn；在 "选项" 卷展栏中取消勾选 "光泽菲涅耳" 和 "雾系统单位比例" 复选框，并设置 "中止" 值为 0.01，如图 7-50 所示。

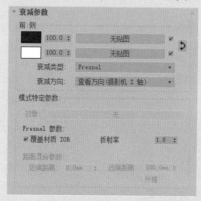

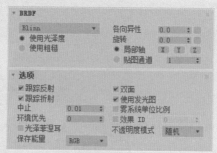

图 7-49 图 7-50

05 创建好的椅子腿材质球效果如图 7-51 所示。

06 创建椅座材质。选择一个未使用的材质球，设置材质类型为 VRayMtl，设置 "漫反射" 颜色为 193,193,193，设置 "细分" 值，并取消勾选 "菲涅耳反射" 复选框，如图 7-52 所示。

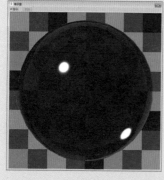

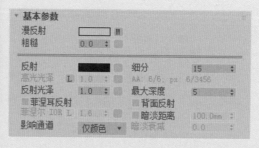

图 7-51 图 7-52

07 为漫反射通道添加衰减贴图，如图 7-53 所示。

08 为颜色 1 通道添加位图贴图，如图 7-54 所示。

图 7-53   图 7-54

09 为颜色 2 通道添加位图贴图，如图 7-55 所示。

10 在"贴图"卷展栏中为凹凸通道添加位图贴图，并设置凹凸值，如图 7-56 所示。

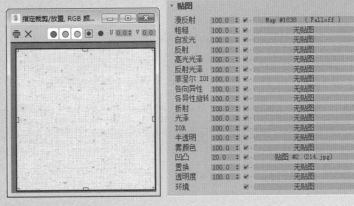

图 7-55   图 7-56

11 为凹凸通道添加的位图贴图，如图 7-57 所示。

12 在 BRDF 卷展栏中选择函数类型为 Blinn；在"选项"卷展栏中取消勾选"光泽菲涅耳"和"雾系统单位比例"复选框，并设置"中止"值为 0.01，如图 7-58 所示。

13 创建好的座椅材质球效果如图 7-59 所示。

14 创建餐具材质。选择一个未使用的材质球，设置材质类型为 VRayMtl，设置"漫反射"颜色为 70,70,70，设置"反射"颜色为 180,180,180，设置"高光光泽"和"细分"值，并取消勾选"菲涅耳反射"复选框，如图 7-60 所示。

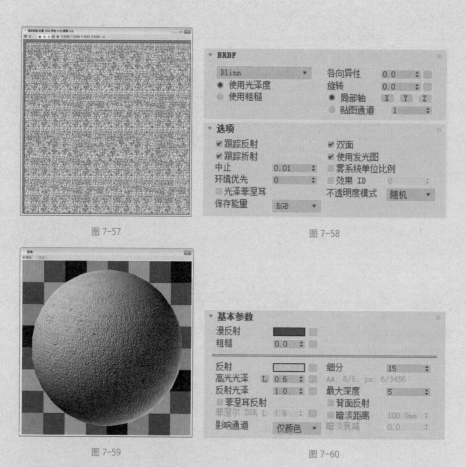

图 7-57

图 7-58

图 7-59

图 7-60

15 在 BRDF 卷展栏中选择函数类型为 Blinn；在"选项"卷展栏中取消勾选"光泽菲涅耳"和"雾系统单位比例"复选框，并设置"中止"值为 0.01，如图 7-61 所示。

16 创建好的餐具材质球效果如图 7-62 所示。

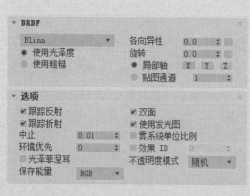

图 7-61

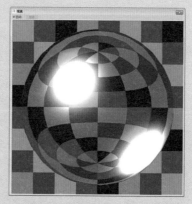

图 7-62

17 创建陶瓷材质。选择一个未使用的材质球，设置材质类型为多维 / 子对象材质，如图 7-63 所示。

18 设置材质 1 的通道类型为 VRayMtl，设置"漫反射"颜色为 240,240,240，设置"反射光泽"与"细分"值，并取消勾选"菲涅耳反射"复选框，如图 7-64 所示。

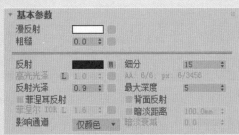

图 7-63   图 7-64

19 为反射通道添加衰减贴图，并设置衰减类型，如图 7-65 所示。

20 在 BRDF 卷展栏中选择函数类型为 Blinn；在"选项"卷展栏中取消勾选"光泽菲涅耳"和"雾系统单位比例"复选框，并设置"中止"值为 0.01，如图 7-66 所示。

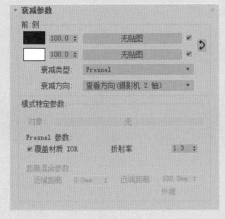

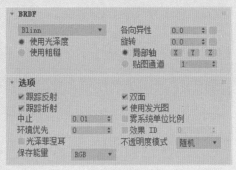

图 7-65   图 7-66

21 设置材质 2 的通道类型为 VRayMtl，设置"漫反射"颜色为 64,64,64，设置"高光光泽"和"反射光泽"，并设置"细分"值，如图 7-67 所示。

22 为漫反射通道添加位图贴图，如图 7-68 所示。

23 为反射通道添加位图贴图，如图 7-69 所示。

24 在 BRDF 卷展栏中选择函数类型为 Blinn；在"选项"卷展栏中取消勾选"光泽菲涅耳"和"雾系统单位比例"复选框，并设置"中止"值为 0.01，如图 7-70 所示。

图 7-67

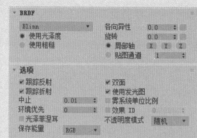

图 7-68

图 7-69

图 7-70

25 创建好的陶瓷材质球效果如图 7-71 所示。将材质 1 赋予碗材质，将材质 2 赋予边花材质。

26 创建桌布材质。选择一个未使用的材质球，设置材质类型为 VRayMtl，设置"细分"值为 15，并取消勾选"菲涅耳反射"复选框，如图 7-72 所示。

图 7-71

图 7-72

27 为漫反射通道添加位图贴图，如图 7-73 所示。

28 在"贴图"卷展栏中为凹凸通道添加位图贴图，如图 7-74 所示。

29 为凹凸通道添加的位图贴图，如图 7-75 所示。

图 7-73

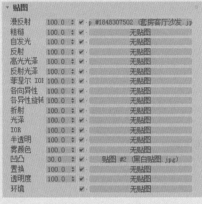

图 7-74

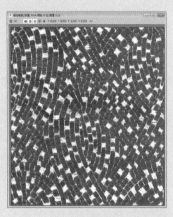

图 7-75

30 在 BRDF 卷展栏中选择函数类型为 Blinn；在"选项"卷展栏中取消勾选"光泽菲涅耳"和"雾系统单位比例"复选框，并设置"中止"值为 0.01，如图 7-76 所示。

31 创建好的桌布材质球效果如图 7-77 所示。

32 将创建好的材质赋予模型进行渲染，效果如图 7-78 所示。

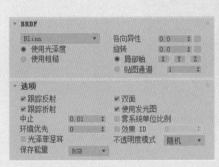

图 7-76

图 7-77

图 7-78

■ 7.2.4　为其他装饰品模型创建材质

本场景中有很多装饰品，包括窗帘、水晶吊灯等，下面将对这些装饰品材质的创建操作进行介绍。

01 创建吊灯材质。选择一个未使用的材质球，设置材质类型为 VRayMtl，设置"反射"颜色为 91,91,91，设置"折射"颜色为 150,150,150，设置"高光光泽"和"细分"值，并取消勾选"菲涅耳反射"复选框，如图 7-79 所示。

02 设置漫反射颜色参数，如图 7-80 所示。

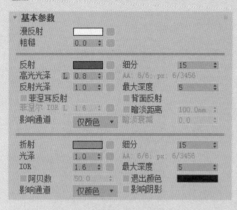

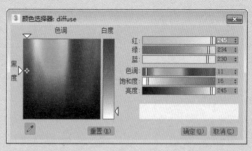

图 7-79　　　　　　　　　　　图 7-80

03 在 BRDF 卷展栏中选择函数类型为 Blinn；在"选项"卷展栏中取消勾选"光泽菲涅耳"和"雾系统单位比例"复选框，并设置"中止"值为 0.01，如图 7-81 所示。

04 创建好的吊灯材质球效果如图 7-82 所示。

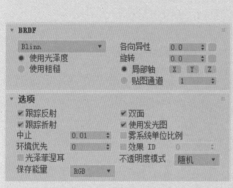

图 7-81　　　　　　　　　　　图 7-82

05 创建透光窗帘材质。选择一个未使用的材质球，设置材质类型为 VRayMtl，设置"漫反射"颜色为 230,230,230，设置"折射"颜色为 55,55,55，设置 IOR 和"细分"值，并取消勾选"菲涅耳反射"复选框，如图 7-83 所示。

06 为折射通道添加衰减贴图，设置颜色 1 的颜色参数为 154,154,154，设置颜色 2 的颜色参数为 29,29,29，如图 7-84 所示。

07 在 BRDF 卷展栏中选择函数类型为 Blinn；在"选项"卷展栏中取消勾选"光泽菲涅耳"和"雾系统单位比例"复选框，并设置"中止"值为 0.01，如图 7-85 所示。

08 创建好的透光窗帘材质球效果如图 7-86 所示。

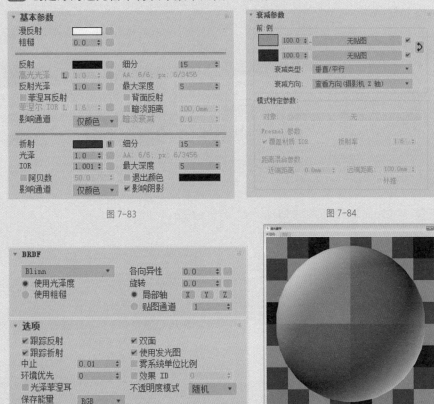

图 7-83　　　　　　　　　　　　　　　图 7-84

图 7-85　　　　　　　　　　　　　　　图 7-86

09 创建不透光窗帘材质。选择一个未使用的材质球，设置材质类型为 VRayMtl，设置"漫反射"颜色为 128,128,128，设置"反射"颜色为 50,50,50，设置"高光光泽"和"反射光泽"值，设置"细分"值，并取消勾选"菲涅耳反射"复选框，如图 7-87 所示。

10 为漫反射通道添加衰减贴图，如图 7-88 所示。

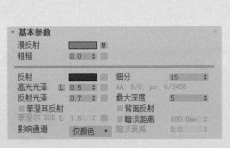

图 7-87

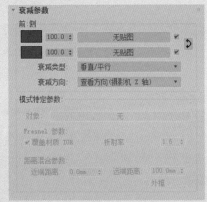

图 7-88

⑪ 设置颜色 1 的颜色参数，如图 7-89 所示。

⑫ 设置颜色 2 的颜色参数，如图 7-90 所示。

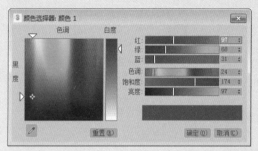

图 7-89

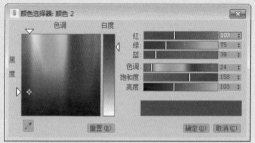

图 7-90

⑬ 在 BRDF 卷展栏中选择函数类型为 Blinn，设置"各向异性"为 0.5；在"选项"卷展栏中取消勾选"光泽菲涅耳"和"雾系统单位比例"复选框，并设置"中止"值为 0.01，如图 7-91 所示。

⑭ 创建好的不透光窗帘材质球效果如图 7-92 所示。

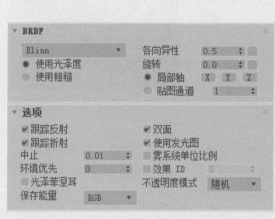

图 7-91

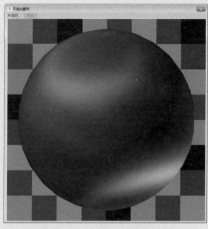

图 7-92

⑮ 创建门框材质。选择一个未使用的材质球，设置材质类型为 VRayMtl，设置"漫反射"颜色为 15,15,15，设置"反射"颜色为 30,30,30，设置"高光光泽"和"反射光泽"，设置"细分"值，并取消勾选"菲涅耳反射"复选框，如图 7-93 所示。

⑯ 在 BRDF 卷展栏中选择函数类型为 Blinn；在"选项"卷展栏中取消勾选"光泽菲涅耳"复选框，并设置"中止"值为 0.01，如图 7-94 所示。

⑰ 创建好的门框材质球效果如图 7-95 所示。

18 将创建好的材质赋予模型进行渲染，效果如图 7-96 所示。

图 7-93

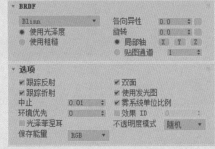

图 7-94

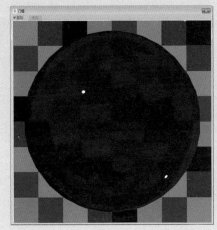

图 7-95

图 7-96

7.3　为餐厅场景创建灯光

　　场景中的灯光以室内光源为主，包括吊灯、灯带光源。用户根据需要添加室内外辅助光源，具体操作步骤介绍如下。

01 创建灯带光源。在灯光面板中单击"VR-灯光"按钮，创建平面光源，放在吊顶的合适位置，如图 7-97 所示。

02 在修改面板中修改 VR 灯光的"半长""半高"值，设置"倍增器"为 3.5，勾选"不可见"复选框，取消勾选"影响反射"复选框，设置"细分"值为 20，如图 7-98 所示。

03 设置灯带的灯光颜色参数，如图 7-99 所示。

04 复制并旋转创建好的灯带光源，如图 7-100 所示。

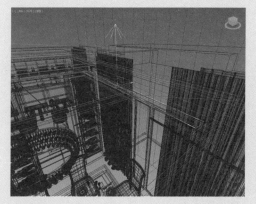

图 7-97

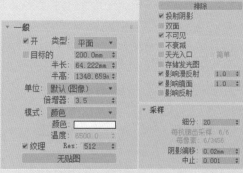

图 7-98

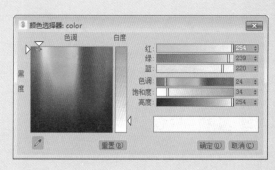

图 7-99

图 7-100

05 创建酒柜灯带。单击 "VR- 灯光" 按钮，创建平面光源，放在酒柜架的合适地方，如图 7-101 所示。

06 在修改面板中修改 VR 灯光的 "半长" "半高" 值，设置 "倍增器" 为 150.0，勾选 "不可见" 复选框，取消勾选 "影响反射" 复选框，设置 "细分" 值为 20，如图 7-102 所示。

图 7-101

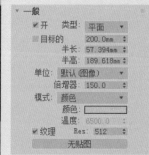

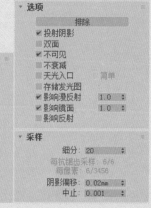

图 7-102

07 设置灯带的灯光颜色参数，如图 7-103 所示。

08 将创建好的酒柜灯带光源进行复制，如图 7-104 所示。

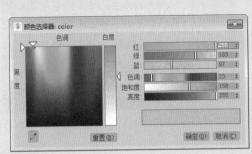

图 7-103

图 7-104

09 创建艺术品光源。单击"VR- 灯光"按钮，创建球体光源，放在艺术品的表面，如图 7-105 所示。

10 在修改面板中修改 VR 灯光的"半径"值为 10.0mm，设置"倍增器"为 70.0，勾选"不可见"复选框，取消勾选"影响镜面"和"影响反射"复选框，并设置"细分"值为 20，如图 7-106 所示。

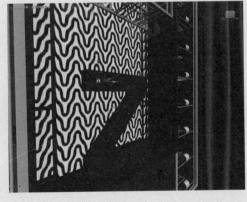

图 7-105

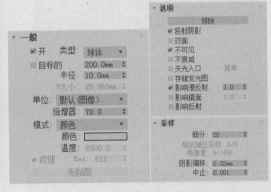

图 7-106

11 设置球体灯光的颜色参数，如图 7-107 所示。

12 复制创建好的球体灯光，如图 7-108 所示。

13 创建吊灯光源。单击"VR- 灯光"按钮，创建球体光源，放在吊灯的中间位置，如图 7-109 所示。

14 在修改面板中修改 VR 灯光的"半径"值为 60mm，设置"倍增器"为 50.0，勾选"不可见"复选框，取消勾选"影响镜面"和"影响反射"复选框，设置"细分"值为 20，并复制创建好的艺术品灯光的颜色，如图 7-110 所示。

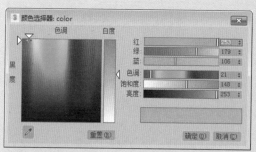

图 7-107

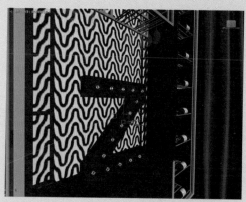

图 7-108

图 7-109

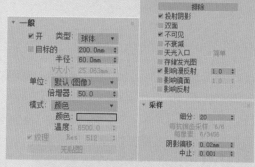

图 7-110

⑮ 创建吊灯补光光源。单击"VR- 灯光"按钮，创建平面光源，放在吊灯的正下方，如图 7-111 所示。

⑯ 在修改面板中修改 VR 灯光的"半长""半高"值，设置"倍增器"为 1.0，勾选"不可见"复选框，取消勾选"影响镜面"和"影响反射"复选框，设置"细分"值为 20，如图 7-112 所示。

图 7-111

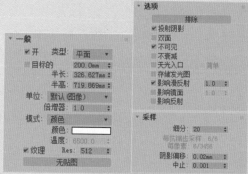

图 7-112

17 设置灯光的颜色参数，如图 7-113 所示。

18 创建射灯补光光源。单击"目标灯光"按钮，创建目标灯光，如图 7-114 所示。

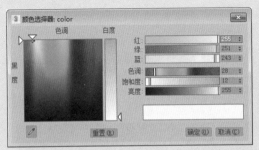

图 7-113

图 7-114

19 在"常规参数"卷展栏中启用阴影，设置阴影类型为 VRay Shadow，设置"灯光分布（类型）"为"光度学 Web"，如图 7-115 所示。

20 在"分布（光度学 Web）"卷展栏中单击"选择光度学文件"按钮，打开"打开光域 Web 文件"对话框，选择需要的光域网文件，如图 7-116 所示。

图 7-115

图 7-116

21 在"强度 / 颜色 / 衰减"卷展栏中设置"强度"值，如图 7-117 所示。

22 设置过滤颜色参数，如图 7-118 所示。

23 将创建好的射灯光源进行复制，如图 7-119 所示。

24 创建室外补光光源。单击"VR- 灯光"按钮，创建平面光源，放在窗帘的外侧，如图 7-120 所示。

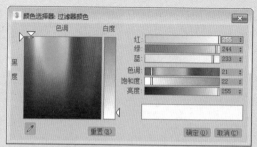

图 7-117　　　　　　　　　　　　　　图 7-118

图 7-119　　　　　　　　　　　　　　　　图 7-120

㉕ 在修改面板中修改 VR 灯光的"半长""半高"值，设置"倍
增器"为 24.0，勾选"不可见"复选框，取消勾选"影响镜面"
和"影响反射"复选框，设置"细分"值为 20，如图 7-121 所示。

㉖ 设置颜色参数，如图 7-122 所示。

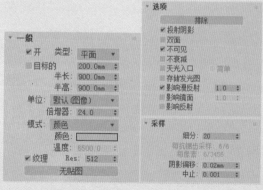

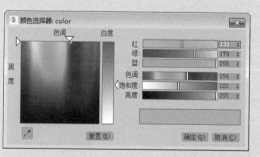

图 7-121　　　　　　　　　　　　　　　　图 7-122

27 切换到摄影机视图，完成场景灯光的创建，如图 7-123 所示。

图 7-123

7.4　渲染餐厅场景效果

　　灯光和材质都已经创建完毕，这里需要先对场景进行一个测试渲染，对场景进行测试渲染直到满意后，就可以正式渲染最终成品图像了。具体操作步骤介绍如下。

01 执行"渲染"|"渲染设置"命令，打开"渲染设置"对话框，在 V-Ray 选项卡中打开"帧缓冲"卷展栏，取消勾选"启用内置帧缓冲区"复选框，如图 7-124 所示。

02 在"图像采样"卷展栏中设置抗锯齿"类型"为"块"；在"图像过滤"卷展栏中设置过滤器类型，如图 7-125 所示。

图 7-124

图 7-125

03 在"全局 DMC"卷展栏中勾选"锁定噪波图案"和"使用局部细分"复选框；在"颜色贴图"卷展栏中设置"类型"为"指

数"，如图 7-126 所示。

04 在"全局光照"卷展栏中设置"首次引擎"为"发光贴图"，
如图 7-127 所示。

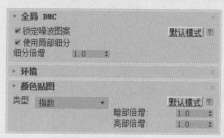

图 7-126

图 7-127

05 在"发光贴图"卷展栏中设置"当前预设"为"低"，"细
分"与"插值采样"值均为 20，如图 7-128 所示。

06 在"灯光缓存"卷展栏中设置"细分"值为 200，如图 7-129
所示。

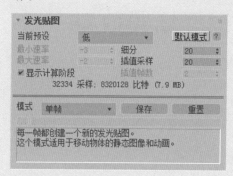

图 7-128

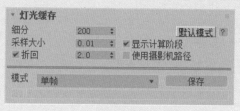

图 7-129

07 渲染摄影机视图，渲染效果如图 7-130 所示。

08 下面进行最终效果的渲染设置。设置出图大小，如图 7-131
所示。

图 7-130

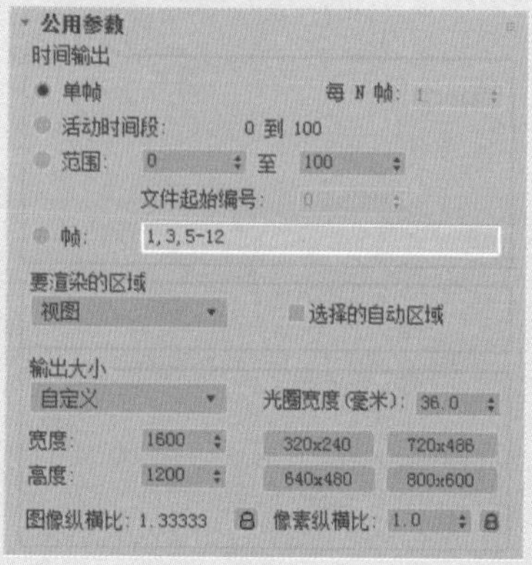

图 7-131

09 在"块图像采样器"卷展栏中设置"噪波阈值"和"渲染块宽度",如图 7-132 所示。

10 在"发光贴图"卷展栏中设置"当前预设"为"高","细分"值为 60,"插值采样"值为 30,如图 7-133 所示。

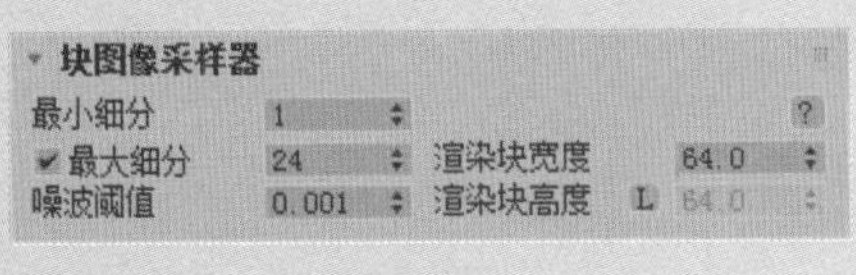

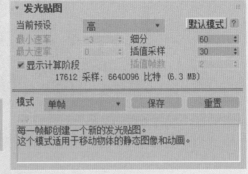

图 7-133

图 7-132

11 在"灯光缓存"卷展栏中设置"细分"值为 1200,如图 7-134 所示。

12 渲染摄影机视图,效果如图 7-135 所示。

图 7-134

图 7-135

7.5 Photoshop 后期处理

通过上面的制作,已经得到了成品图。由于受环境的影响,图像的色彩不够鲜明,这里就需要利用 Photoshop 软件对其进行调整,具体操作介绍如下。

01 在 Photoshop 中打开渲染好的"餐厅 .jpg"文件,如图 7-136 所示。

02 执行"图像"|"调整"|"色彩平衡"命令,打开"色彩平衡"对话框,调整"色阶"参数,如图 7-137 所示。

图 7-136

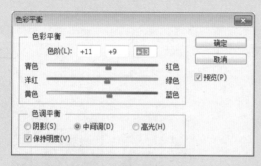

图 7-137

03 单击"确定"按钮关闭该对话框，观察效果，如图 7-138 所示。

图 7-138

04 执行"图像"|"调整"|"色相/饱和度"命令，打开"色相/饱和度"对话框，调整效果图的整体饱和度，如图7-139所示。

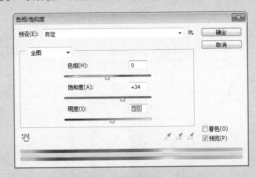

图 7-139

05 单击"确定"按钮，效果如图7-140所示。

图 7-140

06 执行"图像"|"调整"|"亮度/对比度"命令，打开"亮度/对比度"对话框，调整对比度值，如图7-141所示。

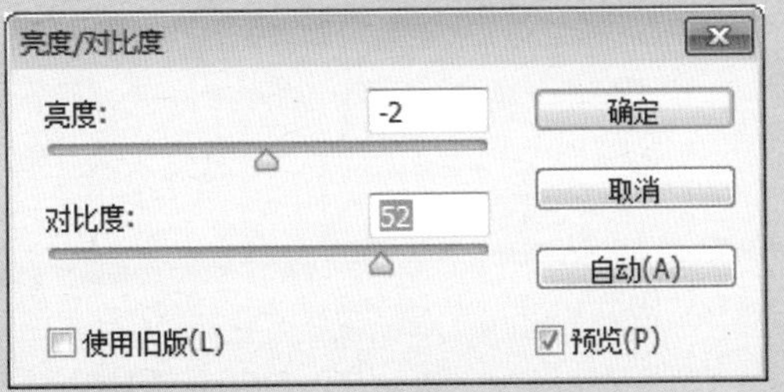

图 7-141

07 单击"确定"按钮，效果如图7-142所示。

08 执行"图像"|"调整"|"曲线"命令,打开"曲线"对话框,
添加控制点调整曲线,如图 7-143 所示。

09 观察调整前后的效果,如图 7-144、图 7-145 所示。

图 7-142

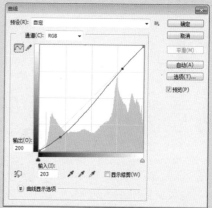

图 7-143

图 7-144

图 7-145

CHAPTER 08

卧室场景效果表现

本章概述 SUMMARY

卧室是休息的场所，在设计过程中要保证私密性、色调、图案应和谐。通过本案例的学习，读者不仅可以加深对 VRay 灯光、VRay 材质的理解和运用，还可以掌握更多的渲染技巧。

■ 学习目标

本章将以卧室场景的制作过程为例，使读者所学到的知识在实际工作中得到运用。

■ 要点难点
  ✓ 布料材质的创建
  ✓ 不锈钢材质的创建
  ✓ 射灯光源的创建
  ✓ 渲染参数的设置

◎渲染床头柜效果

◎卧室场景效果

8.1 检测模型

下面将介绍如何在 3ds Max 中打开并检测已经创建完成的场景模型。

01 打开素材文件，如图 8-1 所示。

02 在摄影机创建面板中单击"目标"按钮，在顶视图中创建一架摄影机，调整摄影机的高度和角度，效果如图 8-2 所示。

图 8-1

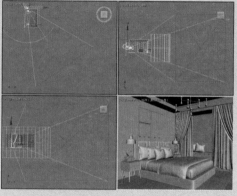

图 8-2

03 按 F10 键打开"渲染设置"对话框，在"全局开关"卷展栏中勾选"覆盖材质"复选框，并为该通道添加标准材质，如图 8-3 所示。

04 将添加的材质拖动到材质编辑器，进行实例复制，设置"漫反射"颜色为 255,255,255，如图 8-4 所示。

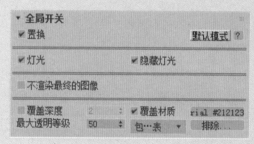

图 8-3

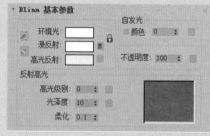

图 8-4

05 为漫反射通道添加边纹理贴图，在 VRayEdgesTex（VRay 边纹理）params 卷展栏中设置"像素宽度"，设置"颜色"参数为 0,0,0，如图 8-5 所示。

06 赋予模型材质，按 F9 键进行渲染，如图 8-6 所示，检测模型是否有破面等问题，以便于进行调整。

图 8-6

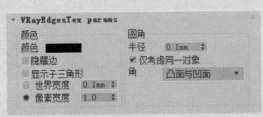

图 8-5

8.2 为卧室场景创建材质

本节主要讲述为卧室场景中的对象分别创建材质的操作方法。材质的设置是制作效果图的关键之一，只有材质设置到位，才能表现出场景的真实性。具体操作步骤介绍如下。

■ 8.2.1 为建筑主体模型创建材质

本场景中的墙顶面和地面分别使用了乳胶漆和木地板，下面将具体介绍操作步骤。

01 创建乳胶漆材质。按 M 键打开材质编辑器，在材质球示例窗口中选择一个未使用的材质球，设置材质类型为 VRayMtl，设置"漫反射"颜色为 255,255,255，设置"高光光泽"与"细分"值，并取消勾选"菲涅耳反射"复选框，如图 8-7 所示。

02 在 BRDF 卷展栏中选择函数类型为 Blinn；在"选项"卷展栏中取消勾选"跟踪反射"和"光泽菲涅耳"复选框，并设置"中止"值为 0.01，如图 8-8 所示。

03 创建好的乳胶漆材质球效果如图 8-9 所示。

04 创建木地板材质。选择一个未使用的材质球，设置材质类型为 VRayMtl，设置"反射"颜色为 12,12,12，设置"高光光泽"和"反射光泽"，设置"细分"值为 15，如图 8-10 所示。

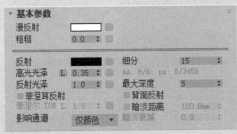

图 8-7

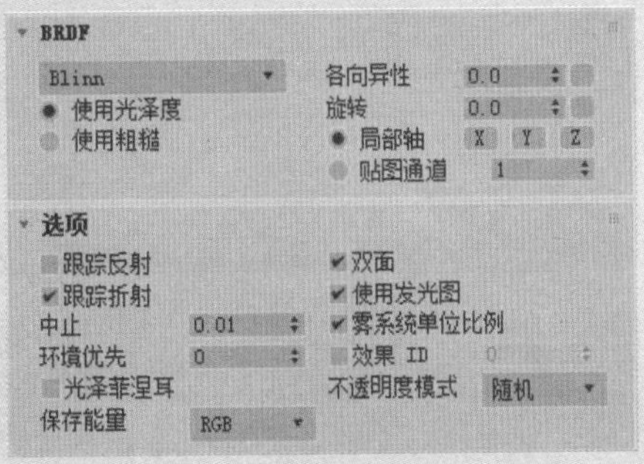

图 8-8

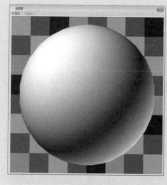

图 8-9

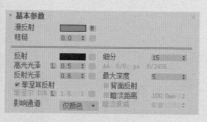

图 8-10

05 为漫反射通道添加位图贴图，如图 8-11 所示。

06 在 BRDF 卷展栏中选择函数类型为 Blinn；在 "选项" 卷展栏中取消勾选 "光泽菲涅耳" 复选框，并设置 "中止" 值为 0.01，如图 8-12 所示。

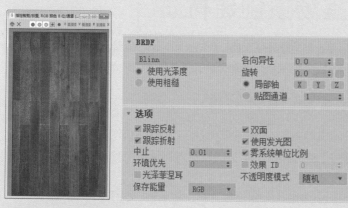

图 8-11

图 8-12

07 在 "贴图" 卷展栏中将 "漫反射" 通道的贴图复制到 "凹凸" 通道上，并设置凹凸值，如图 8-13 所示。

08 创建好的木地板材质球效果如图 8-14 所示。

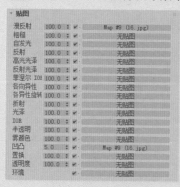

图 8-13

图 8-14

09 将创建好的材质赋予模型，如图 8-15 所示。

图 8-15

8.2.2 为床模型创建材质

场景中的床由抱枕、床垫等组成，材质包括布料、金属等，下面来介绍如何创建这几种材质。

01 创建床板材质。选择一个未使用的材质球，设置材质类型为 VRayMtl，设置"漫反射"颜色为 39,39,39，设置"反射"颜色为 50,50,50，设置"高光光泽"和"反射光泽"以及"细分"值，如图 8-16 所示。

02 为漫反射通道添加位图贴图，如图 8-17 所示。

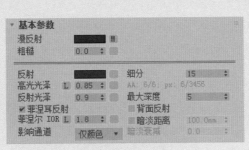

图 8-16

图 8-17

03 在 BRDF 卷展栏中选择函数类型为 Blinn；在"选项"卷展栏中取消勾选"光泽菲涅耳"和"雾系统单位比例"复选框，并设置"中止"值为 0.01，如图 8-18 所示。

04 在"贴图"卷展栏中为"凹凸"通道添加位图贴图，如图 8-19所示。

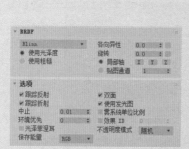

图 8-18

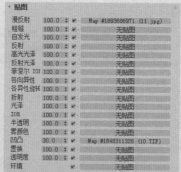

图 8-19

05 为"凹凸"通道添加的位图贴图，如图 8-20 所示。

06 创建好的床板材质球效果如图 8-21 所示。

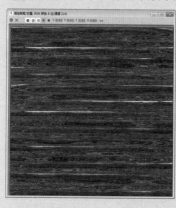

图 8-20

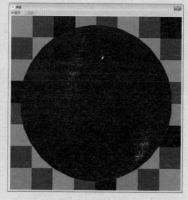

图 8-21

07 创建床垫材质。选择一个未使用的材质球，设置材质类型为 VRayMtl，设置"反射"颜色参数为 5,5,5，设置"反射光泽"和"细分"值，并取消勾选"菲涅耳反射"复选框，如图 8-22 所示。

08 为漫反射通道添加衰减贴图，并设置颜色 1 的颜色参数为 225,225,255，设置颜色 2 的颜色参数为 255,255,255，并设置衰减类型，如图 8-23 所示。

图 8-23

图 8-22

09 在 BRDF 卷展栏中选择函数类型为 Blinn；在"选项"卷展栏中取消勾选"光泽菲涅耳"复选框，并设置"中止"值为 0.01，如图 8-24 所示。

10 创建好的床垫材质球效果如图 8-25 所示。

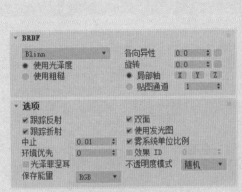

图 8-24 图 8-25

11 创建床靠背材质。选择一个未使用的材质球，设置材质类型为 VRayMtl，设置"漫反射"颜色为 200,200,200，设置"细分"值，取消勾选"菲涅耳反射"复选框，如图 8-26 所示。

12 为漫反射通道添加位图贴图，如图 8-27 所示。

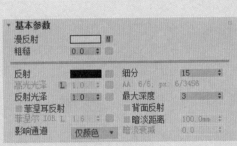

图 8-26 图 8-27

13 在 BRDF 卷展栏中选择函数类型为 Blinn；在"选项"卷展栏中取消勾选"光泽菲涅耳"复选框，并设置"中止"值为 0.01，如图 8-28 所示。

14 为"凹凸"通道添加位图贴图，并设置凹凸值，如图 8-29 所示。

15 为"凹凸"通道所添加的位图贴图，如图 8-30 所示。

16 创建好的床靠背材质球效果如图 8-31 所示。

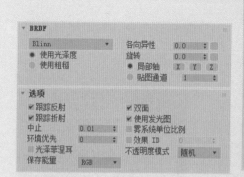

图 8-28

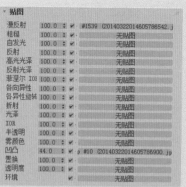

图 8-29

图 8-30

图 8-31

17 创建抱枕材质。选择一个未使用的材质球，设置材质类型为 VRayMtl，设置"反射光泽"与"细分"值，并取消勾选"菲涅耳反射"复选框，如图 8-32 所示。

18 设置漫反射颜色参数，如图 8-33 所示。

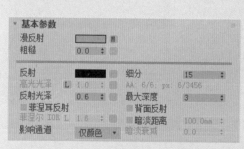

图 8-32

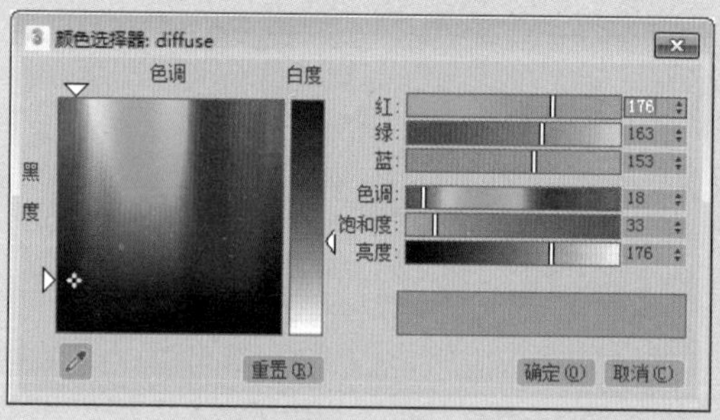

图 8-33

19 在 BRDF 卷展栏中选择函数类型为 Blinn；在"选项"卷展栏中取消勾选"光泽菲涅耳"复选框，并设置"中止"值为 0.01，如图 8-34 所示。

20 创建好的抱枕材质球效果如图 8-35 所示。

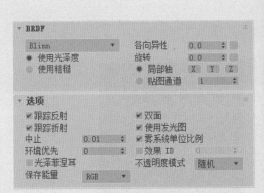

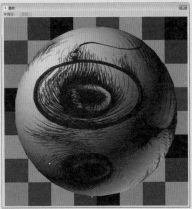

图 8-34   图 8-35

21 按照相同的方法创建其余抱枕材质，如图 8-36 所示。

22 创建被子材质。选择一个未使用的材质球，设置材质类型为 VRayMtl，设置"反射光泽"和"细分"值，并取消勾选"菲涅耳反射"复选框，如图 8-37 所示。

图 8-36   图 8-37

23 为漫反射通道添加衰减贴图，并设置"衰减类型"，如图 8-38 所示。

24 为颜色 1 通道添加位图贴图，如图 8-39 所示。

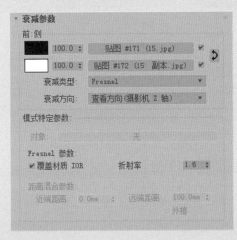

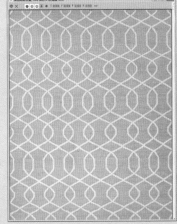

图 8-38   图 8-39

㉕ 在"贴图"卷展栏中为"凹凸"通道添加位图贴图，如图 8-40 所示。

㉖ 为"凹凸"通道添加的位图贴图，如图 8-41 所示。

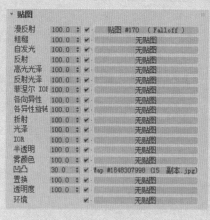 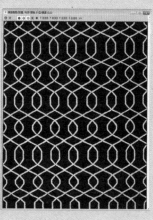

图 8-40   图 8-41

㉗ 创建好的被子材质球效果如图 8-42 所示。

㉘ 将创建好的材质赋予模型进行渲染，效果如图 8-43 所示。

 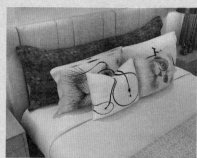

图 8-42   图 8-43

■ 8.2.3　为床头柜模型创建材质

场景中的床头柜主要由柜子、书籍、闹钟组成，材质包括金属、清漆木、纸等，下面来介绍如何创建这几种材质，具体操作步骤如下。

① 创建床头柜材质。选择一个未使用的材质球，设置材质类型为 VRayMtl，设置"反射"颜色为 30,30,30，设置"高光光泽"与"细分"值，并取消勾选"菲涅耳反射"复选框，如图 8-44 所示。

② 设置漫反射颜色参数，如图 8-45 所示。

图 8-44

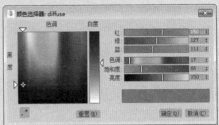

图 8-45

03 为漫反射通道添加位图贴图，如图 8-46 所示。

04 在 BRDF 卷展栏中选择函数类型为 Blinn；在"选项"卷展栏中取消勾选"光泽菲涅耳"复选框，并设置"中止"值为 0.01，如图 8-47 所示。

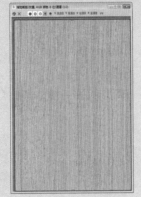

图 8-46

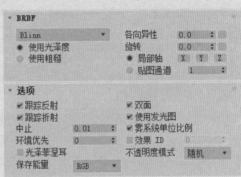

图 8-47

05 创建好的床头柜材质球效果如图 8-48 所示。

06 创建书籍材质。选择一个未使用的材质球，设置材质类型为多维/子对象材质，如图 8-49 所示。

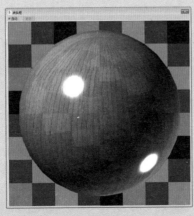

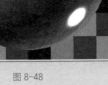

图 8-48

图 8-49

07 设置 ID1 的材质类型为 VRayMtl，在"基本参数"卷展栏
中设置"高光光泽"和"细分"值，并取消勾选"菲涅耳反射"
复选框，如图 8-50 所示。

08 为漫反射通道添加位图贴图，如图 8-51 所示。

图 8-50   图 8-51

09 为反射通道添加衰减贴图，设置"衰减类型"，如图 8-52 所示。

10 在 BRDF 卷展栏中选择函数类型为 Blinn；在"选项"卷展
栏中取消勾选"跟踪反射"和"光泽菲涅耳"复选框，并设置"中
止"值为 0.01，如图 8-53 所示。

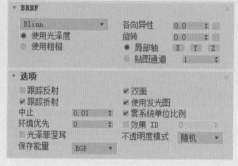

图 8-52   图 8-53

11 设置 ID2 的材质类型为 VRayMtl，在"基本参数"卷展栏
中设置"细分"值，并取消勾选"菲涅耳反射"复选框，如图 8-54
所示。

12 为漫反射通道添加位图贴图，如图 8-55 所示。

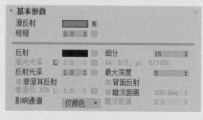

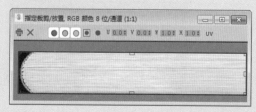

图 8-54   图 8-55

13 在 BRDF 卷展栏中选择函数类型为 Blinn；在"选项"卷展栏中取消勾选"光泽菲涅耳"和"雾系统单位比例"复选框，并设置"中止"值为 0.01，如图 8-56 所示。

14 创建好的书籍材质球效果如图 8-57 所示。

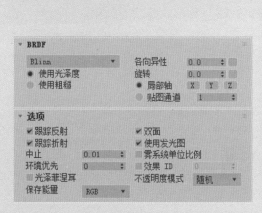

图 8-56

图 8-57

15 创建灯罩材质。选择一个未使用的材质球，设置材质类型为 VRayMtl，设置"漫反射"颜色为 27,27,27，设置"高光光泽"和"反射光泽"以及"细分"值，并取消勾选"菲涅耳反射"复选框，如图 8-58 所示。

16 为反射通道添加衰减贴图，并设置"衰减类型"，如图 8-59 所示。

图 8-58

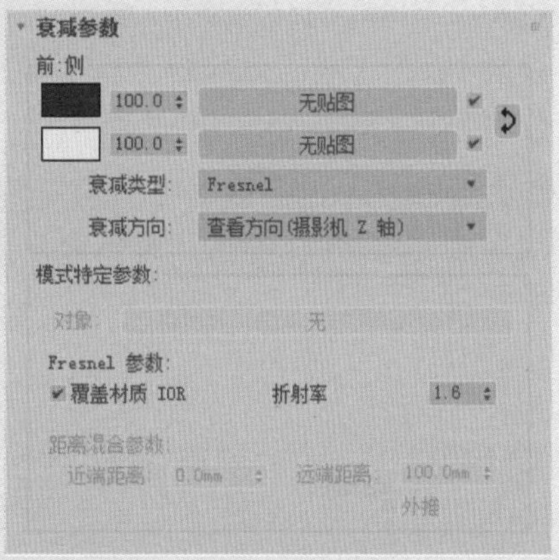

图 8-59

17 设置颜色 1 的颜色参数为 44,44,44，设置颜色 2 的颜色参数如图 8-60 所示。

18 在 BRDF 卷展栏中选择函数类型为 Blinn；在"选项"卷展栏中取消勾选"光泽菲涅耳"复选框，并设置"中止"值为 0.01，如图 8-61 所示。

19 创建好的灯罩材质球效果如图 8-62 所示。

20 创建闹钟材质。选择一个未使用的材质球，设置材质类型为多维 / 子对象材质，如图 8-63 所示。

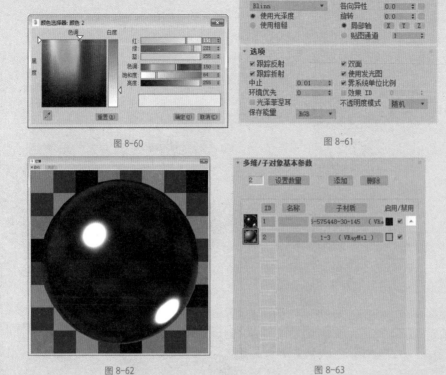

图 8-60 图 8-61

图 8-62 图 8-63

㉑ 设置 ID1 的材质类型为 VRayMtl，设置"漫反射"颜色为 20,20,20，设置"反射"颜色为 36,36,36，设置"高光光泽"和"反射光泽"以及"细分"值，并取消勾选"菲涅耳反射"复选框，如图 8-64 所示。

㉒ 在 BRDF 卷展栏中选择函数类型为 Blinn；在"选项"卷展栏中取消勾选"光泽菲涅耳"复选框，并设置"中止"值为 0.01，如图 8-65 所示。

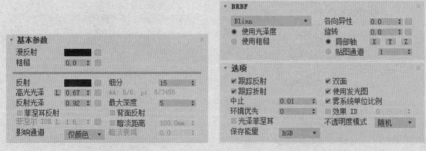

图 8-64 图 8-65

㉓ 设置 ID2 的材质类型为 VRayMtl，设置"反射"颜色参数为 16,16,16，设置"高光光泽"和"反射光泽"以及"细分"值，并取消勾选"菲涅耳反射"复选框，如图 8-66 所示。

24 设置漫反射颜色参数，如图 8-67 所示。

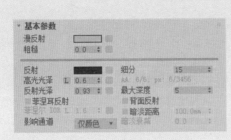

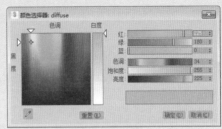

图 8-66

图 8-67

25 在 BRDF 卷展栏中选择函数类型为 Blinn；在"选项"卷展栏中取消勾选"光泽菲涅耳"复选框，并设置"中止"值为 0.01，如图 8-68 所示。

26 创建好的闹钟材质球效果如图 8-69 所示。

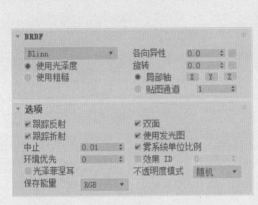

图 8-68

图 8-69

27 将创建好的材质赋予模型进行渲染，效果如图 8-70 所示。

图 8-70

■ 8.2.4 为其他装饰品模型创建材质

本场景中有很多装饰品，包括窗帘、吊灯等，下面将对这些装饰品材质的创建操作进行介绍。

01 创建画框材质。选择一个未使用的材质球，设置材质类型为 VRayMtl，设置"漫反射"颜色为 20,20,20，设置"高光光泽"和"反射光泽"以及"细分"值，并取消勾选"菲涅耳反射"复选框，如图 8-71 所示。

02 为反射通道添加衰减贴图，并设置"衰减类型"，如图 8-72 所示。

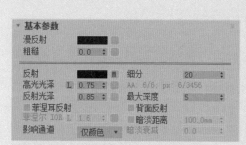

图 8-71

图 8-72

03 设置颜色 2 的颜色参数，如图 8-73 所示。

04 在 BRDF 卷展栏中选择函数类型为 Blinn；在"选项"卷展栏中取消勾选"光泽菲涅耳"复选框，并设置"中止"值为 0.01，如图 8-74 所示。

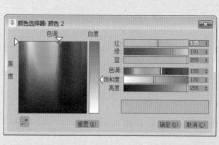

图 8-73

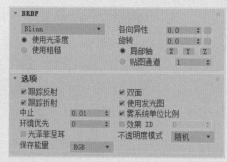

图 8-74

05 创建好的画框材质球效果如图 8-75 所示。

06 创建透光窗帘材质。选择一个未使用的材质球，设置材质类型为 VRayMtl，设置"折射光泽"和"细分"值，并取消勾选"菲涅耳反射"复选框，如图 8-76 所示。

图 8-75　　　　　　　　　　　　　　　　图 8-76

07 为漫反射通道添加衰减贴图，设置颜色 1 的颜色参数为 240,
240,240，如图 8-77 所示。

08 为折射通道添加衰减贴图，设置颜色 1 的颜色参数为 171,171,
171，并设置"衰减类型"，如图 8-78 所示。

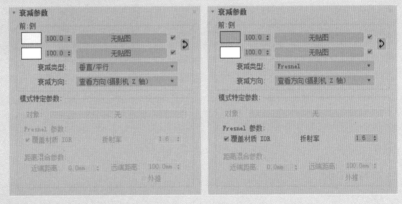

图 8-77　　　　　　　　　　　　　　　　图 8-78

09 在 BRDF 卷展栏中选择函数类型为 Ward；在"选项"卷展栏
中取消勾选"光泽菲涅耳"复选框，并设置"中止"值为 0.01，如
图 8-79 所示。

10 创建好的透光窗帘材质球效果如图 8-80 所示。

11 创建不透光窗帘材质。选择一个未使用的材质球，设置材质类型
为 VRayMtl，设置"反射"颜色为 84,84,84，设置"高光光泽"和"反
射光泽"以及"细分"值，为反射通道添加衰减贴图，并取消勾选"菲
涅耳反射"复选框，如图 8-81 所示。

12 设置漫反射颜色参数，如图 8-82 所示。

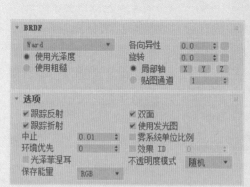

图 8-79

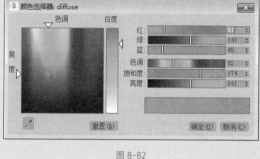

图 8-80

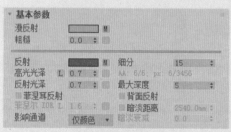

图 8-81

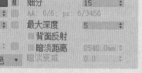

图 8-82

13 为漫反射通道添加衰减贴图，如图 8-83 所示。

14 为颜色 1 通道添加位图贴图，如图 8-84 所示。

图 8-83

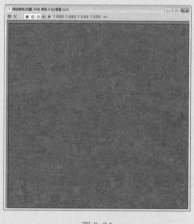

图 8-84

15 为颜色 2 通道添加位图贴图，如图 8-85 所示。

16 在"贴图"卷展栏中复制颜色 1 通道的位图贴图，如图 8-86 所示。

图 8-85

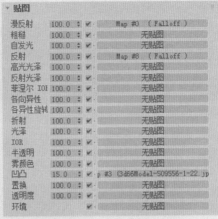
图 8-86

17 在 BRDF 卷展栏中选择函数类型为 Blinn；在 "选项" 卷展栏中取消勾选 "光泽菲涅耳" 和 "雾系统单位比例" 复选框，并设置 "中止" 值为 0.01，如图 8-87 所示。

18 创建好的不透光窗帘材质球效果如图 8-88 所示。

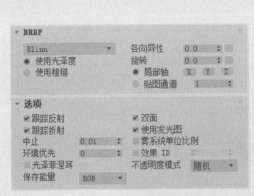
图 8-87

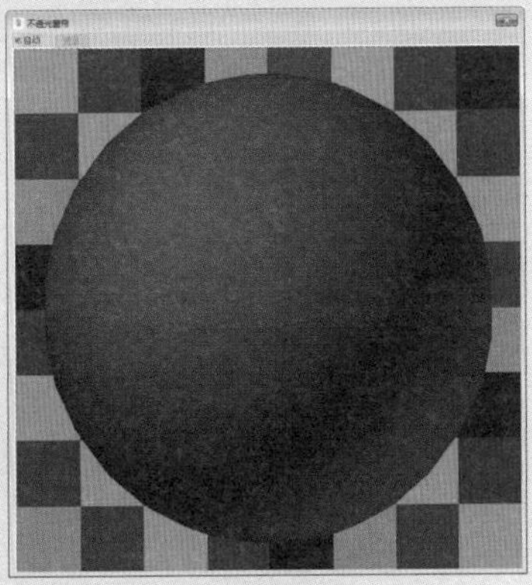

图 8-88

19 创建外景材质。选择一个未使用的材质球，设置材质类型为灯光材质，设置 "颜色" 为 0,0,0，设置强度为 2.5，如图 8-89 所示。

20 为材质通道添加位图贴图，如图 8-90 所示。

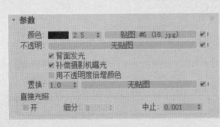
图 8-89

图 8-90

㉑ 将创建好的材质赋予模型进行渲染，效果如图 8-91 所示。

图 8-91

8.3 为卧室场景创建灯光

场景中的灯光以室内光源为主，包括吊灯、射灯光源。用户根据需要添加室内外辅助光源，具体操作步骤介绍如下。

① 创建吊灯光源。单击"VRay 灯光"按钮，创建 VRay 球体灯光，如图 8-92 所示。

图 8-92

② 在修改面板中修改 VR 灯光的半径为 20mm，勾选"不可见"复选框，取消勾选"影响反射"复选框，设置"细分"值为 20，如图 8-93 所示。

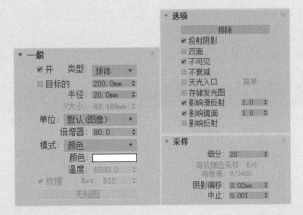

图 8-93

03 将创建好的灯光进行复制，放在吊灯的正上方和正下方，如图 8-94 所示。

04 创建射灯光源。单击"目标"灯光按钮，创建目标灯光，如图 8-95 所示。

图 8-94   图 8-95

05 在"常规参数"卷展栏中启用阴影，设置阴影类型为 VRay shadow，设置"灯光分布（类型）"为"光度学 Web"，如图 8-96 所示。

图 8-96

06 在"分布（光度学 Web）"卷展栏中，单击"选择光度学文件"按钮，在打开的"打开光域 Web 文件"对话框中，选择需要的光域网文件，如图 8-97 所示。

图 8-97

07 单击"打开"按钮，加载光域网文件，在"强度/颜色/衰减"卷展栏中设置"强度值"，如图 8-98 所示。

08 将创建好的射灯光源进行复制，放在射灯的正下方，如图 8-99 所示。

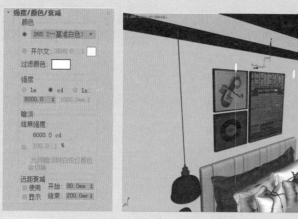

图 8-98   图 8-99

09 创建太阳光源。单击"VRay 太阳"按钮，创建 VRay 太阳光源，并调整角度和高度，如图 8-100 所示。

10 在"VRay 太阳参数"卷展栏中，设置"强度倍增"为 0.09，"大小倍增"为 3.0，"阴影细分"为 30，如图 8-101 所示。

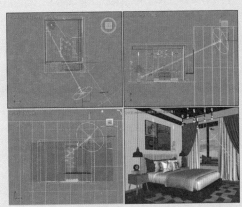

图 8-100　　　　　　　　　　　　　　　图 8-101

⑪ 设置过滤颜色参数，如图 8-102 所示。

⑫ 创建室外补光光源。单击"VRay 灯光"按钮，创建 VRay 平面灯光，放在窗户外侧，如图 8-103 所示。

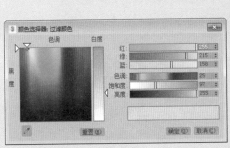

图 8-102

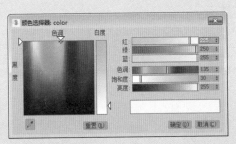

图 8-103

⑬ 在修改面板中修改 VR 灯光的"半长""半高"值，设置"倍增器"值为 8.0，勾选"不可见"复选框，取消勾选"影响漫反射"复选框，如图 8-104 所示。

⑭ 设置颜色参数，如图 8-105 所示。

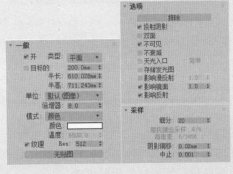

图 8-104　　　　　　　　　　　　　　　图 8-105

15 复制创建好的室外补光光源。并设置"倍增器"为 10.0，效果如图 8-106 所示。

16 创建室内补光光源。在后视图中单击"VRay 灯光"按钮，创建室内补光光源，如图 8-107 所示。

图 8-106

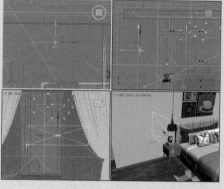

图 8-107

17 在修改面板中修改 VR 灯光的"半长""半高"值，设置"倍增器"值为 16.0，勾选"不可见"复选框，取消勾选"影响反射"复选框，如图 8-108 所示。

18 切换到摄影机视图，完成场景灯光的创建，如图 8-109 所示。

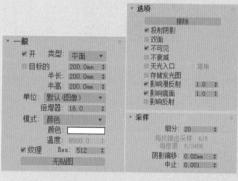

图 8-108

图 8-109

8.4　渲染卧室场景效果

　　灯光和材质都已经创建完毕，这里需要先对场景进行一个测试渲染。对场景进行测试渲染满意后，就可以正式渲染最终成品图像了，具体操作步骤介绍如下。

01 执行"渲染"|"渲染设置"命令，打开"渲染设置"对话框，

在 V-Ray 选项卡中打开"帧缓冲"卷展栏，取消勾选"启用内置帧缓冲区"复选框，如图 8-110 所示。

02 在"图像采样"卷展栏中设置抗锯齿"类型"为"块"；在"图像过滤"卷展栏中设置过滤器类型，如图 8-111 所示。

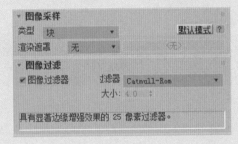

图 8-110   图 8-111

03 在"全局 DMC"卷展栏中勾选"锁定噪波图案"和"使用局部细分"复选框；在"颜色贴图"卷展栏中设置"类型"为"指数"，如图 8-112 所示。

04 在"全局光照"卷展栏中设置"首次引擎"为"发光贴图"，如图 8-113 所示。

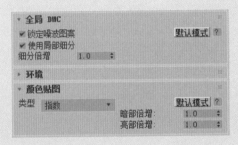

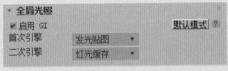

图 8-112   图 8-113

05 在"发光贴图"卷展栏中设置"当前预设"为"低"，"细分"与"插值采样"值均为 20，如图 8-114 所示。

06 在"灯光缓存"卷展栏中设置"细分"值为 200，如图 8-115 所示。

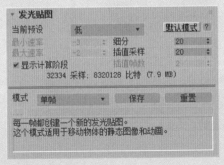

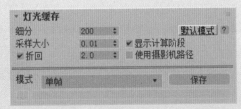

图 8-114   图 8-115

07 渲染摄影机视图，效果如图 8-116 所示。

08 下面进行最终效果的渲染设置。设置出图大小，如图 8-117 所示。

图 8-116

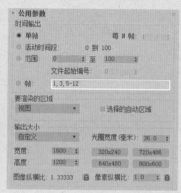

图 8-117

09 在"块图像采样器"卷展栏中设置"噪波阈值"和"渲染块宽度"，如图 8-118 所示。

10 在"发光贴图"卷展栏中设置"当前预设"为"高"，"细分"值为 60，"插值采样"值为 30，如图 8-119 所示。

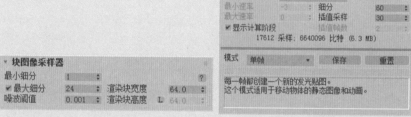

图 8-118

图 8-119

11 在"灯光缓存"卷展栏中设置"细分"值为 1200，如图 8-120 所示。

12 渲染摄影机视图，效果如图 8-121 所示。

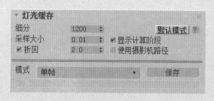

图 8-120

图 8-121

8.5 Photoshop 后期处理

通过上面的制作，已经得到了成品图。由于受环境的影响，图像的色彩不够鲜明，这里就需要利用 Photoshop 软件对其进行调整，具体操作介绍如下。

01 在 Photoshop 中打开渲染好的"卧室 .jpg"文件，如图 8-122 所示。

图 8-122

02 执行"图像"|"调整"|"色彩平衡"命令，打开"色彩平衡"对话框，调整色阶参数，如图 8-123 所示。

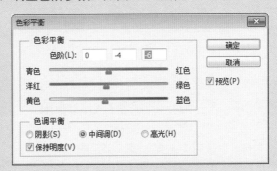

图 8-124

03 单击"确定"按钮关闭该对话框，观察效果，如图 8-124 所示。

图 8-124

04 执行"图像"|"调整"|"色相/饱和度"命令，打开"色相/饱和度"对话框，调整效果图的整体饱和度，如图 8-125 所示。

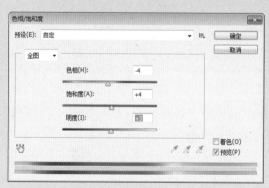

图 8-125

05 单击"确定"按钮，效果如图 8-126 所示。

06 执行"图像"|"调整"|"亮度/对比度"命令，打开"亮度/对比度"对话框，调整对比度值，如图 8-127 所示。

07 单击"确定"按钮，效果如图 8-128 所示。

08 执行"图像"|"调整"|"曲线"命令，打开"曲线"对话框，添加控制点调整曲线，如图 8-129 所示。

图 8-126

亮度/对比度	
亮度: 8	确定
对比度: 17	取消
	自动(A)
☐ 使用旧版(L)	☑ 预览(P)

图 8-127

图 8-128

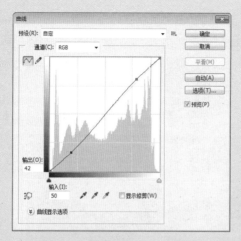

图 8-129

09 观察调整前后的效果，如图 8-130、图 8-131 所示。

图 8-130

图 8-131

CHAPTER 09

客厅场景效果表现

本章概述 SUMMARY

本章将综合利用前面所学知识，介绍客厅效果图的制作方法。
在 3ds Max 中打开创建好的场景模型，在此基础上进行摄影机、
材质、光源的创建与渲染。通过本案例的学习，读者不仅可以
加深对 VRay 灯光、VRay 材质的理解和运用，还可以掌握更多的
渲染技巧。

■ 学习目标

本章将通过客厅场景的制作过程为例，使读者所学到的知识在
实际工作中得到运用。

■ 要点难点

√ 不锈钢材质的创建
√ 玻璃材质的创建
√ 平面灯光的创建
√ 渲染参数的设置

◎客厅场景效果

◎客厅场景效果

9.1 检测模型

下面将介绍如何在 3ds Max 中打开并检测已经创建完成的场景模型。

01 打开素材文件，如图 9-1 所示。

02 在摄影机创建面板中单击"目标"按钮，在顶视图中创建一架摄影机，调整摄影机的高度和角度，效果如图 9-2 所示。

 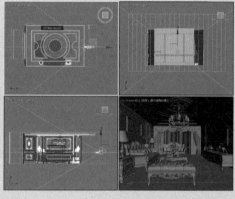

图 9-1   图 9-2

03 按 F10 键打开"渲染设置"对话框，在"全局开关"卷展栏中勾选"覆盖材质"复选框，并为该通道添加标准材质，如图 9-3 所示。

04 将添加的材质拖动到材质编辑器，进行实例复制，设置"漫反射"颜色为 255,255,255，如图 9-4 所示。

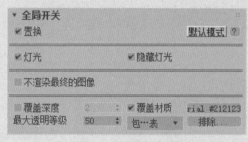 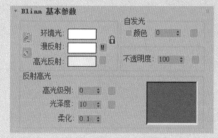

图 9-3   图 9-4

05 为漫反射通道添加边纹理贴图，在 VRayEdgesTex（VRay 边纹理）params 卷展栏中设置"像素宽度"，设置"颜色"参数为 0,0,0，如图 9-5 所示。

06 赋予模型材质，按 F9 键进行渲染，如图 9-6 所示，检测模型是否有破面等问题，以便于进行调整。

图 9-5

图 9-6

9.2 为客厅场景创建材质

本节主要讲述为客厅场景中的对象分别创建材质的操作方法。材质的设置是制作效果图的关键之一，只有材质设置到位，才能表现出场景的真实性。具体操作步骤介绍如下。

9.2.1 为建筑主体模型创建材质

本场景中的墙面和顶面分别使用了壁纸和乳胶漆材质，地面使用了瓷砖材质。下面将具体介绍操作步骤。

01 创建乳胶漆材质。按 M 键打开材质编辑器，在材质球示例窗口中选择一个未使用的材质球，设置材质类型为 VRayMtl，设置"漫反射"颜色为 255,255,255，设置"高光光泽"与"细分"值，并取消勾选"菲涅耳反射"复选框，如图 9-7 所示。

02 在 BRDF 卷展栏中选择函数类型为 Blinn；在"选项"卷展栏中取消勾选"跟踪反射"和"光泽菲涅耳"复选框，并设置"中止"值为 0.01，如图 9-8 所示。

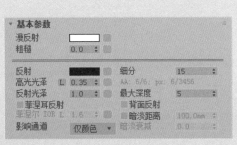

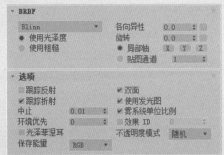

图 9-7

图 9-8

03 创建好的乳胶漆材质球效果如图 9-9 所示。

04 创建瓷砖材质。选择一个未使用的材质球，设置材质类型为 VRayMtl，设置"反射"颜色为 114,114,144，设置"高光光泽"和"反射光泽"，设置"细分"值为 15，并取消勾选"菲涅耳反射"复选框，如图 9-10 所示。

图 9-9

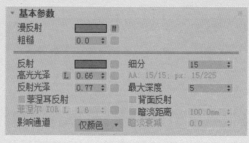

图 9-10

05 为漫反射通道添加位图贴图，如图 9-11 所示。

06 在 BRDF 卷展栏中选择函数类型为 Blinn；在"选项"卷展栏中取消勾选"雾系统单位比例"和"光泽菲涅耳"复选框，并设置"中止"值为 0.01，如图 9-12 所示。

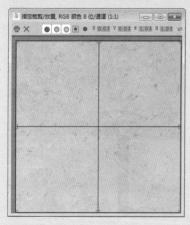

图 9-11

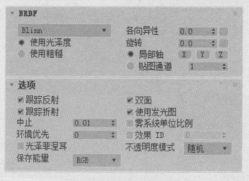

图 9-12

07 创建好的瓷砖材质球效果如图 9-13 所示。

08 创建壁纸材质。选择一个未使用的材质球，设置材质类型为 VRayMtl，设置"漫反射"颜色为 255,255,255，设置"细分"值，并取消勾选"菲涅耳反射"复选框，如图 9-14 所示。

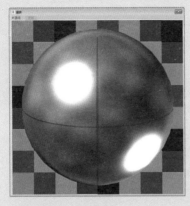

图 9-13

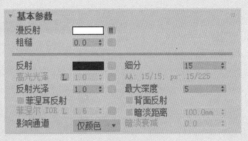

图 9-14

09 为漫反射通道添加位图贴图，如图 9-15 所示。

10 在 BRDF 卷展栏中选择函数类型为 Blinn；在"选项"卷展栏中取消勾选"雾系统单位比例"和"光泽菲涅耳"复选框，并设置"中止"值为 0.01，如图 9-16 所示。

图 9-15

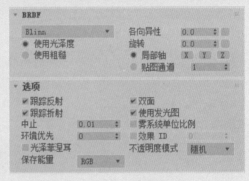

图 9-16

11 创建好的壁纸材质球效果如图 9-17 所示。

12 将创建好的材质球赋予模型，如图 9-18 所示。

图 9-17

图 9-18

■ 9.2.2　为电视柜模型创建材质

场景中的电视柜由电视、装饰品等组成，材质包括玻璃、不锈钢等，下面来介绍如何创建这几种材质。

01 创建电视柜材质。选择一个未使用的材质球，设置材质类型为 VRayMtl，设置"漫反射"颜色为 255,255,255，设置"反射"颜色为 60,60,60，设置"高光光泽"和"反射光泽"以及"细分"值，并取消勾选"菲涅耳反射"复选框，如图 9-19 所示。

02 为漫反射通道添加位图贴图，如图 9-20 所示。

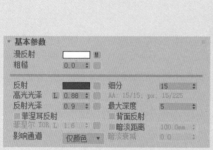

图 9-19　　　　　　　　　　　　　图 9-20

03 在 BRDF 卷展栏中选择函数类型为 Blinn；在"选项"卷展栏中取消勾选"雾系统单位比例"和"光泽菲涅耳"复选框，并设置"中止"值为 0.01，如图 9-21 所示。

04 创建好的电视柜材质球效果如图 9-22 所示。

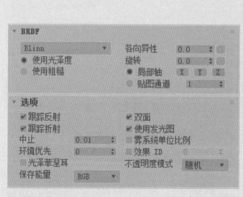

图 9-21　　　　　　　　　　　　　图 9-22

05 创建电视框材质。选择一个未使用的材质球，设置材质类型为 VRayMtl，设置"漫反射"颜色为 248,248,248，设置"反射"颜色为 25,25,25，设置"反射光泽"和"细分"值，并取消勾选"菲涅耳反射"复选框，如图 9-23 所示。

06 在 BRDF 卷展栏中选择函数类型为 Blinn；在"选项"卷展栏中取消勾选"雾系统单位比例"和"光泽菲涅耳"复选框，并设置"中止"值为 0.01，如图 9-24 所示。

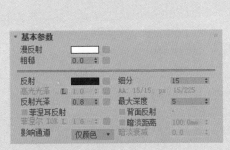

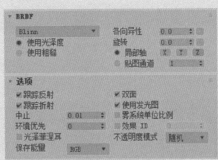

图 9-23　　　　　　　　　　　　　　　　图 9-24

07 创建好的电视框材质球效果如图 9-25 所示。

08 创建显示屏材质。选择一个未使用的材质球，设置材质类型为 VRayMtl，设置"漫反射"颜色为 5,5,5，设置"反射"颜色为 15,15,15，设置"反射光泽"和"细分"值，并取消勾选"菲涅耳反射"复选框，如图 9-26 所示。

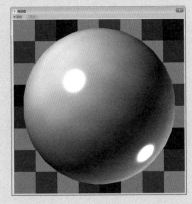

图 9-25　　　　　　　　　　　　　　　　图 9-26

09 在 BRDF 卷展栏中选择函数类型为 Blinn；在"选项"卷展栏中取消勾选"雾系统单位比例"和"光泽菲涅耳"复选框，并设置"中止"值为 0.01，如图 9-27 所示。

10 创建好的显示屏材质球效果如图 9-28 所示。

11 创建皮革材质。选择一个未使用的材质球，设置材质类型为 VRayMtl，设置"漫反射"颜色为 20,20,20，设置"反射"颜色为 45,45,45，设置"高光光泽"和"反射光泽"以及"细分"值，并取消勾选"菲涅耳反射"复选框，如图 9-29 所示。

12 为漫反射通道添加衰减贴图，并设置"衰减类型"，如图9-30
所示。

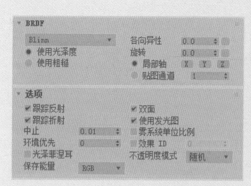

图 9-27

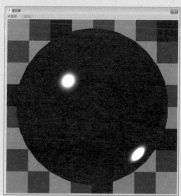

图 9-28

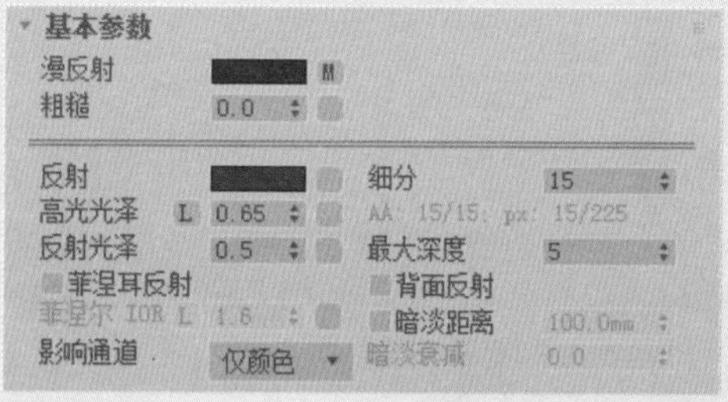

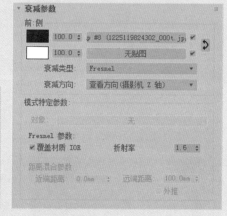

图 9-29

图 9-30

13 为颜色1通道添加位图贴图，如图9-31所示。

14 在"贴图"卷展栏中，为"漫反射"通道添加位图贴图，
并设置凹凸值为55.0，如图9-32所示。

图 9-31

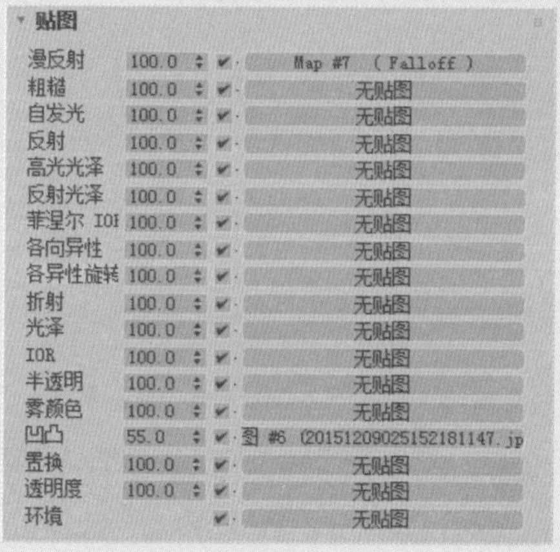

图 9-32

15 为"凹凸"通道添加的位图贴图如图 9-33 所示。

16 在 BRDF 卷展栏中选择函数类型为 Ward；在"选项"卷展栏中取消勾选"雾系统单位比例"和"光泽菲涅耳"复选框，并设置"中止"值为 0.01，如图 9-34 所示。

图 9-33

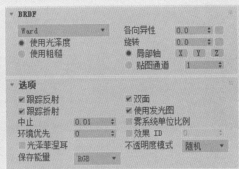

图 9-34

17 创建好的皮革材质球效果如图 9-35 所示。

18 创建装饰品材质。选择一个未使用的材质球，设置材质类型为 VRayMtl，设置"漫反射"颜色为 109,109,109，设置"反射"颜色为 243,243,243，设置"高光光泽"和"细分"值，并取消勾选"菲涅耳反射"复选框，如图 9-36 所示。

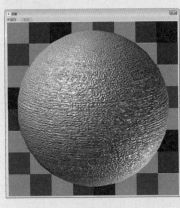

图 9-35

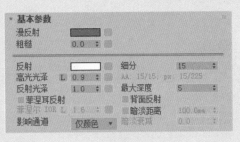

图 9-36

19 在 BRDF 卷展栏中选择函数类型为 Blinn；在"选项"卷展栏中取消勾选"雾系统单位比例"和"光泽菲涅耳"复选框，并设置"中止"值为 0.01，如图 9-37 所示。

20 创建好的装饰品材质球效果如图 9-38 所示。

21 继续创建其他装饰品，如图 9-39 所示。

22 将创建好的材质赋予模型进行渲染，效果如图 9-40 所示。

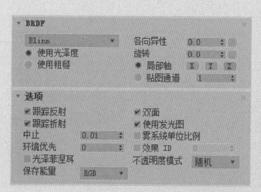

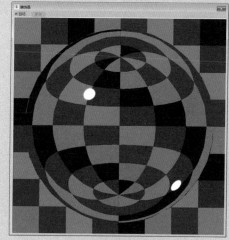

图 9-37 图 9-38

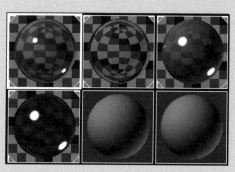

图 9-39 图 9-40

■ 9.2.3 为沙发模型创建材质

　　场景中的沙发模型主要是沙发坐垫、抱枕等，材质包括布料等，下面来介绍如何创建这几种材质。

01 创建沙发坐垫材质。选择一个未使用的材质球，设置材质类型为 VRayMtl，设置"反射"颜色为 10,10,10，设置"高光光泽"和"反射光泽"以及"细分"值，并取消勾选"菲涅耳反射"复选框，如图 9-41 所示。

02 为漫反射通道添加位图贴图，如图 9-42 所示。

03 为反射通道添加位图贴图，如图 9-43 所示。

04 在 BRDF 卷展栏中选择函数类型为 Blinn；在"选项"卷展栏中取消勾选"雾系统单位比例"和"光泽菲涅耳"复选框，并设置"中止"值为 0.01，如图 9-44 所示。

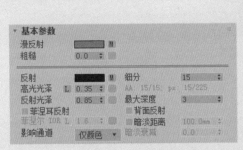

图 9-41   图 9-42

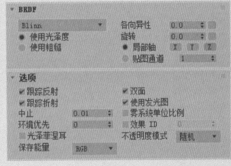

图 9-43   图 9-44

05 创建好的沙发坐垫材质球效果如图 9-45 所示。

06 创建抱枕材质。选择一个未使用的材质球，设置材质类型为 VRayMtl，设置"反射"颜色为 15,15,15，设置"高光光泽"和"反射光泽"以及"细分"值，并取消勾选"菲涅耳反射"复选框，如图 9-46 所示。

图 9-45   图 9-46

07 为漫反射通道添加衰减贴图，并设置"衰减类型"，如图 9-47 所示。

08 为颜色 1 和颜色 2 通道添加相同的位图贴图，如图 9-48 所示。

图 9-47　　　　　　　　　　　　　　图 9-48

09 在"贴图"卷展栏中为"凹凸"通道添加位图贴图，如图 9-49 所示。

10 为"漫反射"通道添加的位图贴图，如图 9-50 所示。

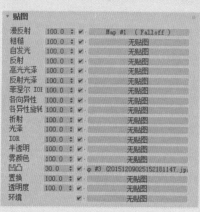

图 9-49　　　　　　　　　　　　　　图 9-50

11 在 BRDF 卷展栏中选择函数类型为 Blinn；在"选项"卷展栏中取消勾选"雾系统单位比例"和"光泽菲涅耳"复选框，并设置"中止"值为 0.01，如图 9-51 所示。

12 创建好的抱枕材质球效果如图 9-52 所示。

13 创建灯罩材质。选择一个未使用的材质球，设置材质类型为 VRayMtl，设置"漫反射"颜色为 255,255,255，设置"折射"颜色为 97,97,97，设置"细分"值，并取消勾选"菲涅耳反射"复选框，如图 9-53 所示。

14 在 BRDF 卷展栏中选择函数类型为 Blinn；在"选项"卷展栏中取消勾选"雾系统单位比例"和"光泽菲涅耳"复选框，并设置"中止"值为 0.01，如图 9-54 所示。

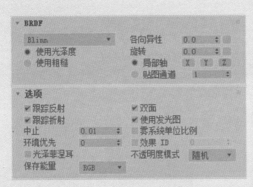

图 9-51

图 9-52

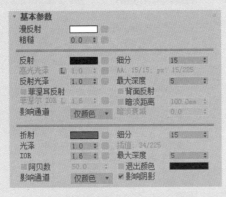

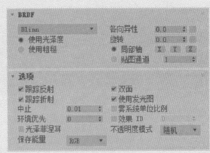

图 9-53

图 9-54

15 创建好的灯罩材质球效果如图 9-55 所示。

16 将创建好的材质赋予模型进行渲染，效果如图 9-56 所示。

图 9-55

图 9-56

■ 9.2.4 为其他装饰品模型创建材质

本场景中有很多装饰品，包括窗帘、水晶吊灯等，下面对这些装饰品材质的创建操作进行介绍。

01 创建丝绸窗帘材质。选择一个未使用的材质球，设置材质类型为 VRayMtl，设置"高光光泽"和"反射光泽"以及"细分"值，并取消勾选"菲涅耳反射"复选框，如图 9-57 所示。

02 设置漫反射颜色参数，如图 9-58 所示。

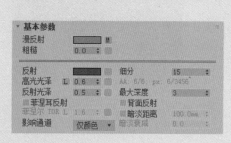

图 9-57

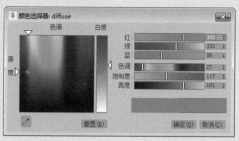

图 9-58

03 设置反射颜色参数，如图 9-59 所示。

04 为漫反射通道添加位图贴图，如图 9-60 所示。

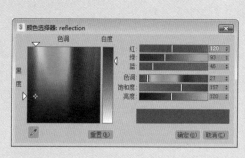

图 9-59

图 9-60

05 在 BRDF 卷展栏中选择函数类型为 Blinn；在"选项"卷展栏中取消勾选"雾系统单位比例"和"光泽菲涅耳"复选框，并设置"中止"值为 0.01，如图 9-61 所示。

06 创建好的窗帘材质球效果如图 9-62 所示。

07 创建透光窗帘材质。选择一个未使用的材质球，设置材质类型为 VRayMtl，设置"漫反射"颜色为 255,255,255，设置"折射"颜色为 151,151,151，设置 IOR 和"细分"值，并取消勾选"菲涅耳反射"复选框，如图 9-63 所示。

08 在 BRDF 卷展栏中选择函数类型为 Blinn；在"选项"卷展栏中取消勾选"雾系统单位比例"和"光泽菲涅耳"复选框，并设置"中止"值为 0.01，如图 9-64 所示。

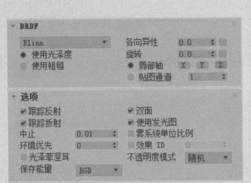

图 9-61

图 9-62

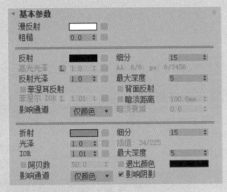

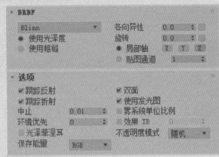

图 9-63

图 9-64

09 创建好的透光窗帘材质球效果如图 9-65 所示。

10 创建地毯材质。选择一个未使用的材质球，设置材质类型为 VRayMtl，设置"细分"值为 15，并取消勾选"菲涅耳反射"复选框，如图 9-66 所示。

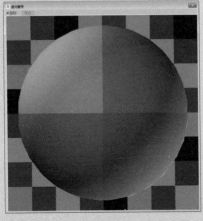

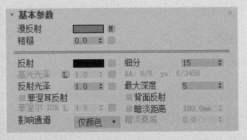

图 9-65

图 9-66

11 为"漫反射"通道添加位图贴图，如图 9-67 所示。

12 在"贴图"卷展栏中将"漫反射"通道的位图贴图复制到"凹凸"通道上，并设置凹凸值，如图 9-68 所示。

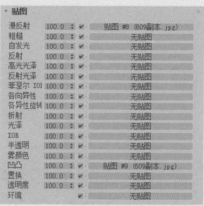

图 9-67   图 9-68

13 在 BRDF 卷展栏中选择函数类型为 Blinn；在"选项"卷展栏中取消勾选"雾系统单位比例"和"光泽菲涅耳"复选框，并设置"中止"值为 0.01，如图 9-69 所示。

14 创建好的地毯材质球效果如图 9-70 所示。

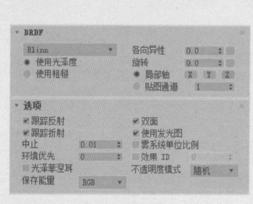

图 9-69   图 9-70

15 创建水晶吊灯材质。选择一个未使用的材质球，设置材质类型为 VRayMtl，设置"漫反射"颜色为 255,255,255，设置"反射"颜色为 111,111,111，设置"折射"颜色为 230,230,230，设置"细分"值，如图 9-71 所示。

16 在 BRDF 卷展栏中选择函数类型为 Blinn；在"选项"卷展栏中取消勾选"雾系统单位比例"和"光泽菲涅耳"复选框，并设置"中止"值为 0.01，如图 9-72 所示。

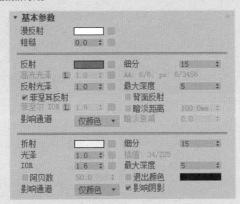

图 9-71

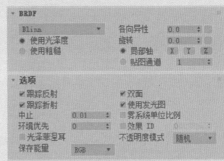

图 9-72

17 创建好的水晶吊灯材质球效果如图 9-73 所示。

18 将创建好的材质赋予模型进行渲染，效果如图 9-74 所示。

图 9-73

图 9-74

9.3　为客厅场景创建灯光

　　场景中的灯光以室内光源为主，包括吊灯、灯带光源。用户根据需要添加室内外辅助光源，具体操作步骤介绍如下。

01 创建灯带光源。单击"VR- 灯光"按钮，创建 VRay 平面光源，放在吊顶与顶面的中间位置，如图 9-75 所示。

02 在修改面板中修改 VR 灯光的"半长""半高"值，设置"倍增器"值为 4.0，勾选"不可见"复选框，取消勾选"影响镜面"和"影响反射"复选框，并设置"细分"值为 20，如图 9-76 所示。

03 设置颜色参数，如图 9-77 所示。

04 复制创建好的灯带光源，如图 9-78 所示。

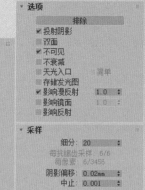

图 9-75   图 9-76

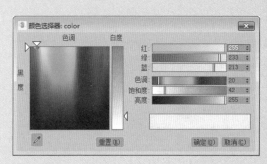

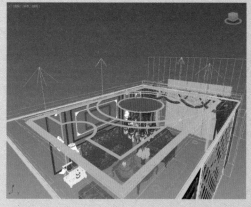

图 9-77   图 9-78

05 创建吊灯光源。单击"VR- 灯光"按钮，创建 VRay 球体光源，放在吊灯位置，如图 9-79 所示。

06 在修改面板中修改 VR 灯光的"半径"值，设置"倍增器"值，勾选"不可见"复选框，取消勾选"影响镜面"和"影响反射"复选框，并设置"细分"值为 20，如图 9-80 所示。

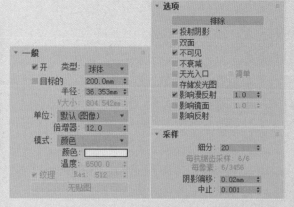

图 9-79   图 9-80

07 设置灯光颜色参数，如图 9-81 所示。

08 将创建好的吊灯光源进行复制，如图 9-82 所示。

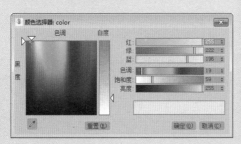

图 9-81

图 9-82

09 创建台灯光源。单击"VR-灯光"按钮，创建 VRay 球体光源，放在台灯位置，如图 9-83 所示。

10 在修改面板中修改 VR 灯光的"半径"值，设置"倍增器"值，复制吊灯灯光的颜色参数，勾选"不可见"复选框，取消勾选"影响镜面"和"影响反射"复选框，并设置"细分"值为 20，如图 9-84 所示。

图 9-83

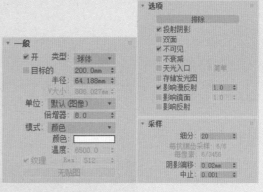

图 9-84

11 将创建好的台灯光源进行复制，如图 9-85 所示。

12 创建射灯光源。单击"目标灯光"按钮，创建目标灯光光源，放在射灯的正下方，如图 9-86 所示。

13 在"常规参数"卷展栏中启用阴影，设置阴影类型为 VRay Shadow，设置"灯光分布（类型）"为"光度学 Web"，如图 9-87 所示。

14 在"分布（光度学 Web）"卷展栏中单击"选择光度学文件"按钮，打开"打开光域 Web 文件"对话框，选择需要的光域网文件，如图 9-88 所示。

图 9-85

图 9-86

图 9-87

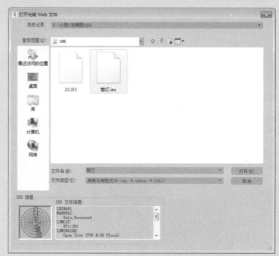

图 9-88

⑮ 在"强度/颜色/衰减"卷展栏中设置"强度"值,复制吊灯光源的颜色参数,如图 9-89 所示。

⑯ 将创建好的射灯光源进行复制,如图 9-90 所示。

图 9-89

图 9-90

17 创建太阳光源。单击"目标聚光灯"按钮，创建太阳光源，如图 9-91 所示。

18 在"常规参数"卷展栏中启用阴影，并设置阴影类型，如图 9-92 所示。

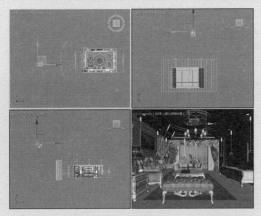

图 9-91　　　　　　　　　　　　　　　　　　图 9-92

19 单击"排除"按钮，打开"排除/包含"对话框，排除"外景"，并单击"确定"按钮，关闭对话框，如图 9-93 所示。

20 在"强度/颜色/衰减"卷展栏中设置"倍增"值，如图 9-94 所示。

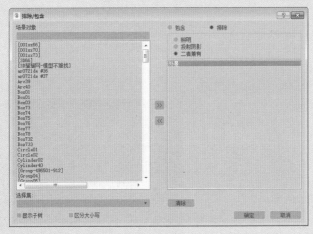

图 9-93　　　　　　　　　　　　　　　　　　图 9-94

21 设置太阳光的光源颜色，如图 9-95 所示。

22 在"平行光参数"卷展栏中设置聚光区与衰减区值，如图 9-96 所示。

23 创建好的太阳光源，如图 9-97 所示。

24 创建室内补光光源。单击"VR- 灯光"按钮，创建平面光源，放在吊灯的正下方，如图 9-98 所示。

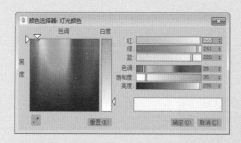

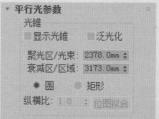

图 9-95   图 9-96

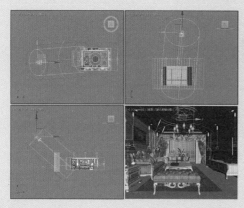

图 9-97   图 9-98

㉕ 在修改面板中修改 VR 灯光的"半径"值，设置"倍增器"值，复制吊灯光源的颜色参数，勾选"不可见"复选框，取消勾选"影响镜面"和"影响反射"复选框，并设置"细分"值为 20，如图 9-99 所示。

㉖ 创建好的室外补光光源，如图 9-100 所示。

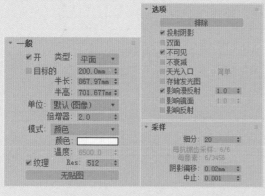

图 9-99   图 9-100

㉗ 在修改面板中修改 VR 灯光的"半径"值，设置"倍增器"值，勾选"不可见"复选框，取消勾选"影响镜面"和"影响反射"复选框，并设置"细分"值为 20，如图 9-101 所示。

㉘ 设置灯光颜色参数，如图 9-102 所示。

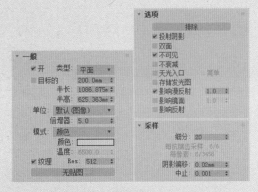

图 9-101

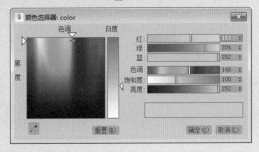

图 9-102

29 向外复制创建好的补光光源，设置"倍增器"值为 10.0，并设置灯光颜色，如图 9-103 所示。

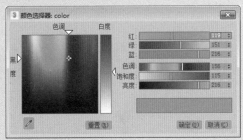

图 9-103

30 转换为摄影机视图，完成场景灯光的创建，如图 9-104 所示。

图 9-104

9.4　渲染客厅场景效果

　　灯光和材质都已经创建完毕，这里需要先对场景进行一个测试渲染。对场景进行测试渲染直到满意后，就可以正式渲染最终成品图像了，具体操作步骤介绍如下。

01 执行"渲染"|"渲染设置"命令，打开"渲染设置"对话框，在 V-Ray 选项卡中打开"帧缓冲"卷展栏，取消勾选"启用内置帧缓冲区"复选框，如图 9-105 所示。

02 在"图像采样"卷展栏中设置抗锯齿"类型"为"块"；在"图像过滤"卷展栏中设置过滤器类型，如图 9-106 所示。

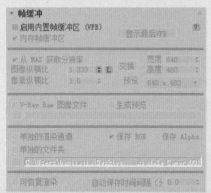

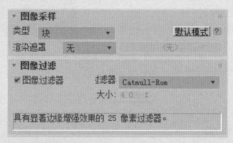

图 9-105　　　　　　　　　　　　图 9-106

03 在"全局 DMC"卷展栏中勾选"锁定噪波图案"和"使用局部细分"复选框；在"颜色贴图"卷展栏中设置"类型"为"指数"，如图 9-107 所示。

04 在"全局光照"卷展栏中设置"首次引擎"为"发光贴图"，如图 9-108 所示。

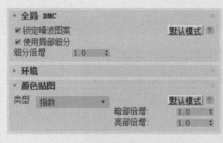

图 9-107　　　　　　　　　　　　图 9-108

05 在"发光贴图"卷展栏中设置"当前预设"为"低"，"细分"与"插值采样"值均为 20，如图 9-109 所示。

06 在"灯光缓存"卷展栏中设置"细分"值为 200，如图 9-110 所示。

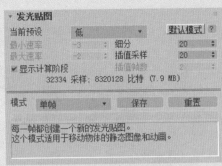

图 9-109

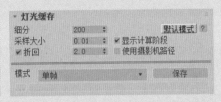

图 9-110

07 渲染摄影机视图，效果如图 9-111 所示。

08 下面进行最终效果的渲染设置。设置出图大小，如图 9-112 所示。

图 9-111

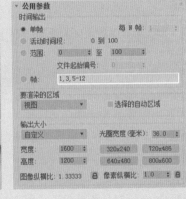

图 9-112

09 在"块图像采样器"卷展栏中设置"噪波阈值"和"渲染块宽度"，如图 9-113 所示。

10 在"发光贴图"卷展栏中设置"当前预设"为"高"，"细分"值为 60，"插值采样"值为 30，如图 9-114 所示。

图 9-113

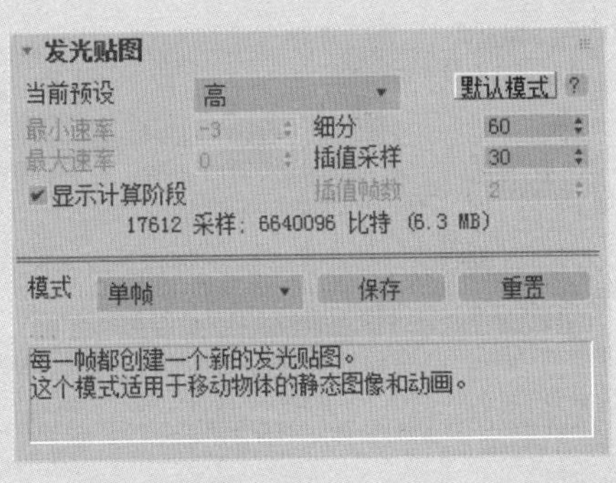

图 9-114

11 在"灯光缓存"卷展栏中设置"细分"值为 1200，如图 9-115 所示。

12 渲染摄影机视图，效果如图 9-116 所示。

图 9-115   图 9-116

9.5　Photoshop 后期处理

　　通过上面的操作，已经得到了成品图。由于受环境的影响，图像的色彩不够鲜明，这里就需要利用 Photoshop 软件对其进行调整，具体操作步骤如下。

01 在 Photoshop 中打开渲染好的"客厅.jpg"文件，如图 9-117 所示。

02 执行"图像"|"调整"|"色彩平衡"命令，打开"色彩平衡"对话框，调整色阶参数，如图 9-118 所示。

图 9-117

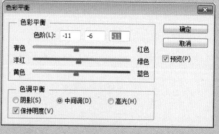

图 9-118

03 单击"确定"按钮关闭该对话框，观察效果，如图 9-119 所示。

04 执行"图像"|"调整"|"色相/饱和度"命令，打开"色

相 / 饱和度"对话框，调整效果图的整体饱和度，如图 9-120 所示。

图 9-119   图 9-120

05 单击"确定"按钮，效果如图 9-121 所示。

06 执行"图像"|"调整"|"亮度 / 对比度"命令，打开"亮度 / 对比度"对话框，调整对比度值，如图 9-122 所示。

图 9-121   图 9-122

07 单击"确定"按钮，效果如图 9-123 所示。

08 执行"图像"|"调整"|"曲线"命令，打开"曲线"对话框，添加控制点调整曲线，如图 9-124 所示。

09 观察调整前后的效果，如图 9-125、图 9-126 所示。

图 9-123

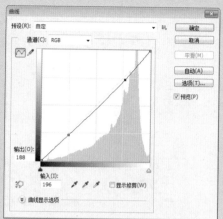

图 9-124

图 9-125

图 9-126

参考文献

[1] 姜洪侠，张楠楠 . Photoshop CC 图形图像处理标准教程 [M] . 北京：人民邮电出版社，2016.

[2] 周建国 . Photoshop CS6 图形图像处理标准教程 [M] . 北京：人民邮电出版社，2016

[3] 孔翠，杨东宇，朱兆曦 . 平面设计制作标准教程 Photoshop CC + Illustrator CC [M] . 北京：人民邮电出版社，2016.

[4] 沿铭洋，聂清彬 . Illustrator CC 平面设计标准教程 [M] . 北京：人民邮电出版社，2016.

[5] Adobe 公司 . Adobe InDesign CC 经典教程 [M] . 北京：人民邮电出版社，2014.

[6] 唯美映像 . 3ds Max 2013+VRay 效果图制作自学视频教程 . [M] . 北京：人民邮电出版社，2015.